不曾走过 怎会懂得

韦伊 ◎ 著

江西人民出版社
Jiangxi People's Publishing House
全国百佳出版社

图书在版编目（CIP）数据

不曾走过，怎会懂得/韦伊著. —— 南昌：江西人
民出版社，2017.7

ISBN 978-7-210-09383-1

Ⅰ.①不… Ⅱ.①韦… Ⅲ.①人生哲学－通俗读物

Ⅳ.①B821-49

中国版本图书馆CIP数据核字（2017）第110627号

不曾走过，怎会懂得

韦　伊/著

责任编辑/冯雪松

出版发行/江西人民出版社

印刷/北京柯蓝博泰印务有限公司

版次/2017年7月第1版

2019年1月第3次印刷

880毫米×1280毫米　1/32　7印张

字数/100千字

ISBN 978-7-210-09383-1

定价/26.80元

赣版权登字-01-2017-355

序言

XU YAN

　　我还记得最初认识韦伊的样子，那是她第一天去我就职的公司上班，坐在距离我不远的工位上，不是研究怎么开展工作，而是把小小的格子间摆得花里胡哨，隔板上贴满五颜六色的便利贴，还带着几个毛绒玩具，印象最深的是一只粉红色的小猪。我当时在心里笑，多美好的菜鸟时光啊，单纯天真，呆萌得像个孩子。

　　那时候，我们常聚在一起八卦和吐槽，但是聊得更多的是关于未来。我刚刚开始学习写小说，写了些鸡血小青年的故事，自己都羞于回头看。韦伊给我的鼓励最大，她说你一定要有信心呀，你一定行的。她喜欢画画，迷恋电影，做着关于艺术的梦，在庞大杂乱的北京城一角，我们为那些数不清的可能性磨刀霍霍。我们都喜欢张悬，觉得自己是她歌声中的南国的孩子，有不能束缚的性子，带着誓言般的梦想，身上披着预言却浑然不知。

后来，我先一步离开那家公司，韦伊慢慢成长，犯很多菜鸟会犯的错，落很多菜鸟会落的泪。没有人知道她加了多少次班，才能写出一句让老板满意的文案；没有人知道她辗转反侧多少个夜晚，才斩断一次无望的恋爱；没有人知道她搬了多少次家，才在大得无边的北京扎下根来……我想我是个太不称职的朋友，要不然不会每次都只看到她的笑脸、听她说"还好啦"，而忽略了她独自打拼、在时光的砂轮上打磨自己的片段。

终于，她学会了咽下委屈和不满，从一个傻乎乎的愣头青变成有想法并且懂得如何把自己的想法付诸实践的成熟职场人。这样的进步，说起来三言两语，看似轻松，实则如蚕儿蜕茧，每一点改变都是伤筋动骨的疼痛。忍得下，就成蝶；忍不下，就成仁。每个光鲜亮丽的外表下，都有一段执拗又孤独的坚持。

韦伊喜欢书法绘画，她说，单纯体验柔软的毛笔落在宣纸上的质感，那是一份微小却强大的坚韧，就像一枚被凝固在树脂里的未燃尽的火柴，一星火焰足够温暖一个冬天。怀揣这样的温暖，足以抵挡世上所有风刀霜剑。

后来我终于想明白，恰恰是因为这份不为外物所累的坚持，让韦伊收获了爱情、事业。得到与失去都简单得像拎一件行李。这个世界其实并没有那么大，它是由自己的感知能力所定义。

职场也好，情路也罢，你若在心中萌生畏惧，那便注定是个输家。相反，拿出自己的柔韧，拿出独处时那份自在与坦然，反倒能四两拨千斤，守得云开见月明。

所以，专注于内心，认认真真走自己想要的人生路，就一定会体验到一种更广阔更丰盈的生活。

目录
MU LU

001 time · answer
时光告诉我们的人生答案

每一种隐忍都有姿态 / 003

你以为迈不过的门槛，那不过是一步的距离 / 008

小心轻放你的善良 / 015

不羡慕不嫉妒，淡然面对人生的差距 / 021

每个人的裂痕，最终都变成了故事的花纹 / 027

有些事，独自去做反而更容易成功 / 034

041　confused · growth
　　　谁的青春不迷茫，迷茫之后才会成长

　　　　学会爱自己 / 043

　　　　颠沛流离的日子，最需要的是勇气 / 049

　　　　你对生活的态度，就是生活对你的反馈 / 055

　　　　人生需要适时的孤独 / 060

　　　　感谢自己的不放弃 / 066

　　　　别让自己在同一件事上再次受伤 / 072

077　failure · glory
　　　你的孤独，虽败犹荣

　　　　最适合你的人，是愿意陪着你的那一位 / 079

　　　　唯爱和梦想不能辜负 / 087

　　　　青春那条非走不可的弯路 / 093

　　　　暗恋是成长的过程 / 098

　　　　孤独是对你最好的惩罚 / 104

　　　　为了窗外的世界，做越来越好的自己 / 110

长大之后，有点自控力的人才可爱 / 115

沿着梦想的指引，踏着现实的路，去看最好的风景 / 121

127　road · clear
只要在路上，就能到达远方

不要随意打扰别人的幸福 / 129

只要心在远方，即刻就能远行 / 134

问君何能尔？心远地自偏 / 139

最初的梦想，坚持就会到达 / 145

149　warm · friend
只要有人愿陪在你身边，一切都会温暖

愿你被这个世界温柔以对 / 151

一个人可以走多远，要看他与谁一起同行 / 157

感谢那些可以试一试的机会 / 163

没有人天生就应该懂你 / 169

未曾长夜痛哭，不足以语人生 / 174

做心怀善意的人，交温暖踏实的朋友 / 180

187　sentiment · gratitude
　　　孤独会让你学会感恩一切

　　　　孤独，送给自己最好的礼物 / 189

　　　　珍惜每一段时光 / 195

　　　　享受孤独，并不是为自己建一座迷宫 / 201

　　　　所有的美好，都会慢慢而来 / 207

time · answer

时光告诉我们的人生答案

每一种隐忍都有姿态

我和姜姜拥有同一个闺蜜，那次坐火车去参加她的婚礼，却是我和姜姜第一次见面。我们一见如故，同为这个城市的漂泊者，我们似乎有太多相似的感慨。

姜姜是一个微胖的女孩，却也如水蜜桃般细致、饱满。我一直认为微胖界的女孩们多少会自卑，最关心的话题肯定离不开减肥。

姜姜却不同，一路上，她都在强调自己是一位森女，她注重细节，追求品质。为了淘到自己喜欢的衣服，她每次都会辗转好几条街，每次试穿，因为身材微胖的关系，总是遭遇尴尬的境遇，而她总能凭借自己的幽默和豁达，巧妙地化解。姜姜的男友是南方人，婆婆并不喜欢姜姜，一直在阻挠他们在一起，每次都会让姜姜很难堪。有时，她还会当众羞辱姜姜——

"赞美"姜姜是微胖界的美女，啧啧，那腿围，比她一个老太太的腰围还要粗壮。

姜姜依然大笑，说阿姨真幽默。

并非不在意，并非不想计较，都怪爱情不是衣裳，扣不上纽扣，就可以潇洒地离开；不愿意抱怨，也不愿意诉说，只能默默地承受，并用微笑来迎接眼前的一切。

然而，一切不完美都不能妨碍她。姜姜生活得很好，她总能在自娱自乐的乐观中，寻找到令自己愉快的小细节。她模仿杨贵妃的模样，喊道，来来来，赶紧拍下我！

我刚刚拍下，她就赶紧传到朋友圈，并标上——姜贵妃嫁到！

新娘向众人抛花时，大家都在原地等待，盼望那束花会落到自己的手中。唯有姜姜一跃而上，抢到了那束花，整个过程略显滑稽，她的伴娘裙险些脱落，周围的人笑得前仰后合……

姜姜捧着那束花也跟着傻傻地笑了起来，那一刻，她在灯光下是如此灿烂迷人，如此光彩夺目，我突然觉得胖胖的女孩，竟是如此美丽、有趣。

所有认识江君的人，都认为他是一个不折不扣的好人。人们对好人的定义无非是他的脾气好，爱微笑，肯倾听，不计较。恰好，江君"符合"好人的每一条标准。

每次公司组织外出旅游，江君在整个过程中，一直都在帮同事们背行李，不止是女同事的，还有男同事的。于是，路上的风景便是，同事们在前面欢呼雀跃地欣赏周围的风景，江君如同"苦行僧"，默默地跟在后面。

平日里，江君也是如此牺牲自己，只要有人开口相求，不管是什么事，江君可以做到的就自己做，自己做不到的也不愿意拒绝。此外，他本着从不给人添麻烦的原则，很少发出求助的信号。故，人人都喜欢江君，并与他成为朋友，但江君很少与人交心。

后来，江君辞职了，他要离开北京，回到南方的故乡，据说那里是美丽的水乡。那时正好是11月中旬，北京刚刚开始供暖，但因为江君的离开，天气似乎依然寒冷。

江君的离开，让我们倍感失落，再也没有一个人会像他一样，做任何事情都无怨无悔——他会帮女同事提东西，帮男同事偷偷打考勤卡，第一个来到公司，喂养隔壁的那条鱼，为阳台上的花儿浇水……

在我们心中，早已认定这都是江君的份内事，没成想，在他还未正式离职时，我们就已开始留恋他在的时光了。

坐在江君办公桌对面的那位女孩，早已泣不成声，说江君前几天对她表白过，但被她高傲地拒绝了。此时，她觉得格外难过，整个世界空荡荡的。

仔细想来，江君的世界本来就与我们格格不入，不管他对我们有过多少了解，倾听过我们多少心事，他都像是你的某个朋友，向来不善言辞，却又如此随和。

那个单纯的"好人"的标签，早已不足以评价江君，他应该是一个隐忍的，活在自己世界里的好人。因为，只有隐忍的人才最坚强，他们不愿诉苦，以为自己会坚强地承担起所有，其实，自己所接受和容纳的不过是别人不愿承受的委屈。

隐忍者多半是善良的，孤独的。他们多半会为别人着想，等不到狭路相逢勇者胜时，他早已默默地退出战场，孤独地站在局外。或者，他只愿做一个局外人，看别人的演出。

我喜欢隐忍者，也愿意做一个孤独的隐忍者。

遇见了可以隐忍可以退让的朋友，我总是一再珍惜。但我希望，所有的隐忍者都有底线，不要让谦虚和退让，成为他人得寸进尺的筹码。

很多时候，很多事情，你不得不退让，不得不一退再退，无论是亲情，友情，还是爱情。

退一步，不见得海阔天空，进一步，却得看运气如何。这进退之间，却是谁也无法体会的孤独。

也许，每一种隐忍都有姿态，隐忍也有乐观与悲观之分。如果你的隐忍可以得到一份真爱，至少终有所值；如果你的隐忍可以得到朋友的尊重，至少终有所感；如果你的隐忍，孤独而绝望，不如爆发一次，不要再继续忍受无理取闹的生活。

嗨，走在茫茫人海中，隐忍的，一再退让的，一直勇往直前的你。生活嘉奖你的方式，就是让你收获别人未曾遇见的温暖和怀念，比如江君。

你以为迈不过的门槛，那不过是一步的距离

刚刚搬到这个小区，就注意到了楼下那个孤僻的老人。他总是赶着一只胖得几乎无法行走的狗，他默默地走在狗的后面，拿着肯德基。偶尔，他会蹲下来与狗交流，喂它吃汉堡包。

小区不过是一个略显破旧的大学老师的公寓房，很多久居于此的退休老师都搬家了，这里早就成为了外地人的集合地。干净而幽静的院落里，三三两两的人们在此看孩子、聊天、运动，唯有那个老人默默地遛着狗，一走就咳嗽。

最初，我想这也许就是空巢老人的悲哀吧！年迈力衰时，唯有一条狗与老人相伴，看上去既寂寥又悲伤。

夏日的清晨，突然倾盆大雨，老人抱着狗，在雨中淋着，他把衣服披在了小狗的身上，任凭大雨浇在自己身上。我想为

他送去一把伞，赶紧跑下楼去，待我赶到时，老人早已不见。

我去拜访房东，询问起遛狗的老人，才得知他是位德高望重的大学老师，他之所以如此珍爱那条狗，是因为它是老人女儿生前的最爱。原来，他唯一的女儿在外地工作时，不幸英年早逝。

他去时，并不知情，欢欢喜喜地去了，回来时，却唯独留下这条狗相伴。

他曾悲痛欲绝，曾日夜痛哭。周围的邻居都很同情他，每每有人去看望他，提出帮助时，他都摆着手说，没事，我可以自己来，不用麻烦你们。

他以前从未养过宠物，也不爱这些小东西。但如今，它却如他的生命一样宝贵。他称呼它为"盈盈"，这是女儿的名字。

此后，每每在小区，看到老人和盈盈，我都要停步，摸摸盈盈的脑袋，和老人聊聊天。每当我与他们告别时，老人总会彬彬有礼地看着我离开，才会转身。

后来，他经常给我带一些书，或推荐一些书。每当此时，我都会觉得温暖备至。一个垂暮的老人，久经挣扎后，依然愿意把内心最温暖的力量传递给别人，愿意与人分享自己此生所遇见的美丽风景，却绝口不提伤心的往事，这该需要何种勇气，才会让他如此坚强。

初识蓝玫，她和我正一起考研究生。那时，好多人劝我们，别考了，何必做炮灰。我一听这样的话，内心就会动摇。蓝玫却说，即使做炮灰，也很光荣。

果不其然，她连考两年，都失败了。但她依然相信这个世界是公平的，而不是被所谓的黑幕操纵。她身上的那种信念，令我很感动。

那时，我已工作，经常去看望她。不管生活多么艰苦，蓝玫依然打扮得时尚而得体，一听到别人对她的赞美，她就会笑得前仰后合，一副女汉子的模样。那时，蓝玫烧得一手好菜，最拿手的菜就是红烧猪蹄，我经常去蹭饭，我们就站在书桌前吃饭，一边吃一边聊天。

一次，蓝玫与我告别，她要去跟剧组拍片子，一边学习，一边拉片子，这才是学习电影的最佳方式吧。

我没有劝她不要去，虽然那样的生活太辛苦，我只是祝福她，一路顺风。

那次分别后，我们只是短信联系。生活和工作日益忙碌，常将我淹没，我时常会忘记蓝玫的存在。

那年秋天，我却突然接到她的电话，她对我说，她考上了

那所大学的研究生，这一考，就是五年。我顿时泪流满面，本是相约一起前行的梦想，自己早已把它丢弃，遗忘，她却依然坚持，直到最终如愿。

再次见面时，她被晒得很黑，比之前更为清瘦，却依然精神抖擞。与她相比，这几年，我在格子间养尊处优，却又庸庸碌碌，心顿时碎了一地。

她为我讲了很多趣事——她跟随剧组去过沙漠、荒山，她暗恋过剧组的某个摄影师，她现在很会背台词，她好几次跌倒，又默默地爬起来，没人会在乎她，大家都忙着去扶美丽的女演员，哈哈……

她说，自己并没有别人想象的那么坚强，她无数次地想过放弃，但一想到即使放弃，也无人依靠，她只好再次起身。

就是那句"再次起身"，顿时感动了我。感谢蓝玫，总是给我惊喜，给我勇气，让我顿时充满力量，一路向前走下去。

小麦刚刚被分手的时候，曾痛哭流涕。数日不能站立，没有进食。她只是躺在床上，看她和他之前的老照片，一遍遍用泪水洗脸。那段最痛苦的日子，小麦曾从楼梯上跌落，摔断了腿。也正是这疗伤的过程，才逐渐把她的注意力从失恋的悲伤中牵引出来。

小麦前男友后来的女朋友，就是我们的闺蜜。平日里，小麦最喜欢和她分享心事。没想到，这些无意之言，竟成为她靠近一个男人的筹码。

小麦曾痛不欲生地发誓，今生，若再见到她，她一定要亲手擒拿，将她制伏。

几年后，小麦结婚生子，日子过得很平静，倒是那位闺蜜一直不如意。

一日，朋友们再聚在一起，一时大意，竟然同时邀请了小麦和那位闺蜜。当时的场面略显尴尬，我们都以为她会报仇。

小麦却淡然地笑了，她挥挥手说，那些小情小爱的东西，她早已记不得了。只记得这位闺蜜在她大姨妈肚子疼期间，用手捂着她的后背，说那样可以让身体稍微舒服一些。直到今日，她先生依然在学习这个方法，虽然没有多大效果，却很暖心。

语毕，我暗自鼓掌。

我们曾以为肯定迈不过的门槛，多年后，才明白，那不过是一步的距离，而自己早已从容越过；我们曾以为肯定撑不下去的时刻，就这样忍着，熬着，突然就走过去了。时间的魔力在于，它会让人们在未知面前变得强大，让人们莫名地相信，未来会更美好。

在每一段时间里，都写满了故事，有人在等待，有人已转身，有人空留下悲伤，有人在快乐中忘乎所以。人生最美好的事情，莫过于所有的一切都会成为过往。

那个在路上，依然坚守梦想的你，但愿你失落时，依然会念起初心的温暖，相信我，那会让你勇气倍增。

小心轻放你的善良

"热心肠的人最容易吃亏，我……我再也不对她那般好了。"

友人彭晓对我说这句话时，无限忧伤。

彭晓和一个小老乡合租了一间主卧。同为北漂，彭晓听这位满口乡音的女孩说话，真是倍感亲切，再加上小老乡从家中带来了地道的家乡美食，把彭晓吃得泪流满面。所以，彭晓对她格外好，聚会时，偶尔会带着她，她不来，彭晓一定会重新点份菜，帮她打包带回去。一段时间，我们都怀疑彭晓是同性恋，莫非喜欢上了那女孩？

彭晓顿时脸红。当然，老乡是个小美女，喜欢归喜欢，性别还是得分清。

我们哄堂大笑，可惜彭晓不是个男人，不然，这般细致、尔雅，肯定得打动不少女人。我们也见过那位女孩，果然是清丽佳人，从她身上，似乎每个人都可以寻觅到自己初来北京的影子。

小老乡恋爱了，彭晓很失落，两个人本是天涯之人，早晚有一天会分别，何必要伤感。彭晓却说，不是伤感，而是不放心。

原来，自从恋爱后，小老乡跟着男友学会了抽烟、喝酒，并恭维这才是潇洒的生活，回首看之前的生活，未免觉得寒酸。小老乡一副大姐大的模样，言辞之间，尽是教导，把彭晓说得一愣一愣。愣后，彭晓真诚相劝，不要跟不三不四的人交往，外面水太深。

小老乡却得意洋洋，不要羡慕我，等我把这趟水蹚过，再来告诉你，北京的水有多深。爱情对女人来说，就是一场灾难。遇见了不良男子，那就是人生的一场浩劫。小老乡以为得到了真爱，唯有彭晓和我们看清，短暂的物质给予，并不是真爱的节奏。

好吧，豁出去了！

彭晓打算去找她的男友，理论一番，并非想拆散她们，而是要告诉他，别把这位单纯的小女孩带坏。找到那男人，没说几句，彭晓就败下阵来。他一阵猛吼，她从不会大声说话，又何谈理论呢？

回到家中，她又发现房间内一片狼藉，小老乡不辞而别。这段故事就此结束，我们不禁鼓掌，受伤了吧，小样，要你多管闲事。

彭晓悲伤得无以言表，默默地承受我们的嘲笑。良久，她感慨，若有一日，她受伤了，我还会无条件地接纳她，她幸福了，我还要无私地祝福她。

于是，我好言相劝，不要再理那位美丽的小老乡了。傻傻的彭晓在一旁感慨，恐怕难啊！

是啊，让一个好人放弃多管闲事，就如同放弃自己善良的责任那般，的确太难了。也许，这个世界之所以存在好人，就是为了让这个过于冷漠的世界显得没有那么残忍。

多一点善良，世界就多一点温度。每每想到，生活之所以美好，就是被这些可爱的人爱着，我便不由得自豪起来。

瑞来面试，我不小心把指甲油洒了她一身。我坚持要为她干洗，她执意不肯，看到她心间顿时生出的一种义气，我深深为之着迷。

瑞出生在军队大院，九岁时就开始学开车。因父亲年近四十才得一女，因此他格外疼爱女儿。不过，父亲却喜欢把她当男孩养，故而养得她一身豪气——文艺不文弱，温柔不煽

情，义气不强势。

我与她接触久了，就越发喜欢她。她喜欢冒险，喜欢开着车四处游荡，喜欢与人交流。瑞是一位善良的女孩，对身边的每个人都好，即使受过伤，也不会加以防备。

一个朋友暗恋一个男孩，却始终不敢开口。瑞不由得鼓励她勇敢一些，去表白吧。未曾想，那个男孩拒绝了她，拒绝的理由是他有心上人，就是瑞。

女孩立刻火冒三丈，前来质问瑞，不知缘由的瑞就这样被猛批了一顿，她一头雾水地看着女孩，却没有和她理论。于是，瑞开车，带我去蹦极。那是我第一次接触这般刺激的游戏，我不敢蹦下去，瑞却纵身一跃，早已顾不得目瞪口呆的我……

归来后，看到朋友们对瑞躲躲闪闪，我总想替她说两句，却被瑞拉住，她无奈地说，算了，罢了。总有一天，她们会懂我。

即使愤怒难当，即便痛苦不安，善良的人多半会选择自己来消化，不愿倾诉，只愿忍耐。这种不去解释，只求心安的做法，一直是瑞的生存哲学。

不知道像瑞这样的好女孩，还有多少，是否也曾散落在风尘中，被无端的风惹恼。

一日，走在小区。看到一个五六岁的小男孩在哭泣，那位年轻的母亲在一旁安慰。原来是小男孩被人欺负了，他没有还手，只能无助地哭泣。

母亲教导，好孩子，这样就对了。长大了，一定要做个好人。那孩子不解地问，什么才是好人呢？我应该怎么当？

母亲想了一下，一时间竟然也定义不出好人的标准答案。好人，应该是退让，是善良，是隐忍，还是百般求全呢？

思考良久，母亲回答，好人就是，做任何事情不以伤害别人的利益为目的。

孩子口无遮拦地说，我才不会那么坏呢？假如别人就是要欺负我呢？就像刚刚……

母亲回答说，那一定得算清楚这笔账呗！

这笔账，怎么算呢？

突然觉得好人都是单纯的傻瓜，数字都数不清，怎会把人情算清楚。你欠我的，我欠你的，就此两清，善良的人，从不会轻易说出这句话。即使有一天说了，也会后悔不迭。善良向来与软弱挂钩，不与强势为伍。

不要悲伤，世界就是这样。表面上，它从不买好人的账，却任由其他人自私地放纵。事实上，它还是格外偏袒善良的人，为此，它赐予了他们好脾气，从不让他们轻易受伤。

不羡慕不嫉妒，淡然面对人生的差距

一次，加班到很晚，幸运地赶上了最后一班地铁回家。途中，偶遇一个女孩正在给朋友打电话。她抱怨上司对自己要求太多，不管她做什么，上司似乎都不太满意。她想再换一份工作，不想活得如此窝囊，满心委屈，无处释放。此外，她已经开始投简历了，希望朋友预祝她一切顺利……

看到女孩迷茫而伤感的眼神，正坚强地抬头止泪。我不禁想到了若干年前的自己。那时，我好像也说过类似的话，抱怨过同样的事——

初做文案时，每当自己左翻右翻，上找下找，思前想后之余，恭恭敬敬地把写好的两份文案递交给老板时，本以为会收获一个令人满意的赞美，他却说，还需细细打磨，细细琢磨。写得太浅薄，没有意境，多花费点心思。

那时，实在不懂简单的一行字，究竟要看多久，思几时，方可下笔，让别人满意。我也曾怨恨过那位挑剔的老板，不管你熬夜、加班到几点，中间的过程多么辛苦，他一概不闻不问，他只看重结果，你有没有提交令他满意的文案。

直至今日，我提笔写字，依然有敬畏感。每写一句话，一篇文，总要前后思量。尤其是短文，更会吃透每一个字的来源、内涵，再从组合中找到和谐的节拍，完美的寓意，我把这个步骤称为文案的基本功。

如今，再次看到我最初写的那些文案，顿时会羞愧不已，暗自惊叫，我当时怎么会那么Low。收到新人提交上来的文案，我方可体会到老板说那句"细细打磨，细细琢磨"时的心情，自己甚至没有那位老板的耐心，去细看每一个新人的文案，或指导他如何前进。

无法说得太明白，只有让听者慢慢去体会。有一段距离是，你站在高处，不胜寒，听者却站在低处，不以为然。

上大学时，一次4A广告人的峰会，我们的院系主任李老师被邀请去做开场主持人。李老师虽年过六旬，但她备受尊重，除此，她很爱美，那时，她特别喜欢穿红色的高跟鞋。

那时，我们大一，实在疯狂，无知无畏得可怜。私底下，我们喜欢给老师起外号，并称呼李老师为李老太太。当时，并非是出于恶意，但那种好玩的心态，在如今看来，依然令我汗颜不止。

作为开场主持人，当李老师介绍一位台湾的广告大师时，她称呼其为先生。事实上，站起来的却是一位年长的女士，她面带微笑，彬彬有礼地朝众人点头，直至今日，我依然记得她满头银发的慈善模样。

台下的人哄堂大笑，李老师立刻脸红，但她刻意控制了自己的情绪，往下的发言依然顺利而行。那时，我们才疏学浅，始终都不理解，为何会称呼一位女士为先生。真是懊悔啊，当年因自己的无知，曾让李老师陷入困境之中。

后来读书，才知，上一辈出身于书香门第的女性，而后德高望重，老年时，人们会习惯称呼她为先生。先生这个称谓，对一个女人来说，是一种荣耀，一种成就。

了解至此，我便心存内疚，久久不能释怀。直至毕业时，在与李老师合影时，才终有机会说出歉意。哪想，李老师说自己早已不记得此事，她哈哈一笑，那笑声中有理解、释然，也有超脱、大度。

在那一笑之间，我顿时觉得自己很Low，和李老师之间的差距，怎可以光年计算？毕业离校时，我曾拜访老师，对她一拜再拜，也不足以表达我的崇敬之情。恩师难忘，难忘师情。

如今，依然不敢贸然地嘲笑某个人，怕是因误会，或者自己的浅薄无知，而伤害到别人的才华。久而久之，尊敬他人，礼仪以待，已成为我敬重他人的准则，只因怕自己太Low，会牵扯到无辜之人。

因行业不同，工资待遇也有所差别。与友人聊天，每次听到她口中蹦出的年薪百万，便惊诧不已。同时，内心也会愤愤不平地感慨，毕业年数相差无几，家境相仿，我们为何竟有如此差距？

再细细听来，友人的爱好更是让自己大跌眼镜。她喜欢收集名牌手表，梦想着有一日能开上豪华跑车。

在我所理解的世界中，能有闲暇时间去看一场话剧，听一场演唱会，去国外旅游，便是梦寐以求之事。我从不敢想象，像她一样拥有优质的生活，优渥的薪金。

友人笑言，你所梦想之事，也是一些人不敢想象的事情。当然，你不敢想象的事，也是某些人正在享受的生活。生活就是这样，跑到终点，终有礼物，所以，把梦想的终点定在何方，尤其重要啊！

是的，我们总在羡慕别人的生活，只看到了他们闪亮耀眼的一面，就不由得心生嫉妒，却从未想过，这之间产生的距离，只因自己太Low。不止是境界，还有观念、梦想，以及肯为梦想牺牲的程度。

与其羡慕别人，不如努力提升自我，为梦想建一条通道。把梦想的终点设得更远一些，远到有所期盼，远到有所等待。

与其一直站在自己的角度看问题，不妨换到别人的角度，去重新审视我们的生活。

每个人的裂痕，最终都变成了故事的花纹

　　每当清明节，总会想起那位坚强的女孩中中。大四快要毕业时，她生病住院，被查出患有脊髓瘤。

　　上课前，她还蹦蹦跳跳地去买早点；上课后，只是觉得腿疼，就无法行走了；一日后，被医生诊断为绝症；没过多久，她便去世了。一个年轻的，充满力量的生命就这样快速地枯萎了，快得令人难以接受。

　　唯一遗憾的是，在她离开之前，我都没有去见她一面。

　　记得那天，她刚刚入院，我曾陪了她一夜，喂她喝了一瓶八宝粥。多年后，我依然会梦见她，和她那幽怨的眼神。直至今日，我都没有再喝过八宝粥，以免会思念她。只记得她曾在最后的时光感慨过："真想好好地活下去！把每一分钟都过得很精彩！"还有那句"好想重新再活一次，回到小时候！"

那是将死之人对生的期待，对生的希望。也是中中无法实现的愿望。

回到学校，还有两个月就毕业了，大家都待在宿舍里做毕业设计，唯有她的床铺是空的，那是一个再也回不来的鲜活的生命。

毕业时，回首四年时光，很多事情早已模糊，唯记得她感慨的那句话，如同一声响雷，惊醒梦中人。好好地活下去，珍惜每一分钟。多么简单的愿望，对一个即将失去生命的人来说，却是永恒的遗憾。

而后，曾接到过一位友人因失恋而痛不欲生的电话，她说唯一解脱的办法就是放弃生命，唯有如此，她才能不再痛苦，不再沉迷。字里行间，我倾听到的只有沮丧以及无尽的绝望，却不知该如何安慰她。

那个电话打了四个小时之久，也是我接过的最长的国际长途。我难以想象她一个弱小女子，在经历了爱情十年长跑的背叛后，还如何在异国他乡，继续攻读博士学位。

我只好把中中的故事讲给了她听，她曾说过的那些看似普通却蕴含哲理的话，是被我反复重复。显然，友人震惊了。虽听过各种励志的讲座、故事，友人依然觉得，这才是她听过的最伤感、最感人的事情。

从此，友人再也没有过轻生的念头。

好好地活着，勇敢地活下去，是我们无需努力便能到来的明天。却是一些人，永生都盼望不到的未来。一想于此，我突然泪流满面，我想起了中中，还有那些故去的亲人。我从不怕在梦中遇见他们，和他们聊聊天，只因，这怀念如此真实，如此沉重。

在生命即将长逝时，我们的痛苦并不特殊，我们的脆弱也如此不堪一击，珍惜生命，好好地活下去，岂是一句话就可以概括的人生。

依然是大四毕业那年。

早晨十点，听闻有师兄跳楼，自杀身亡的消息。

下午两点二十八分，汶川地震，成都震感强烈。即使地震，我和室友也不知那就是地震，直到楼管扯着嗓子，高呼快点离开。摇晃的瞬间，瓶子跌落，我们才意识到了危险。我们顺着人潮涌向了操场，每个人都惊慌失措地奔跑，像是要越过瀑布的江鱼。

站在操场上，室友问，假如不再地震了，要做什么事？

惊恐之余，这个问题真是可贵。我们彼此说了很多心愿，如今想来，都是极其简单之事，比如去一次杜甫草堂，再吃一

次冷锅鱼，去考一次研究生，去拉普兰德旅行……

今日，再提起那次汶川地震，我最多的不是恐惧，而是惋惜。

倘若那位师兄没有跳楼，一直待到下午两点二十八分地震之时，他还会选择轻生吗？

那一刻的人潮，定然会湮没他所有的思绪，只有真正地感觉到死亡时，死亡才会让人恐惧，在这之前，一切如同探视，让人充满好奇。在纵身一跳的时刻，急速的堕落时，大脑除了空白，一定还有深深的恐惧。那些自以为得到的解脱，却留给了身边的人无尽的痛苦。这种解脱，不免自私，让人嗤之以鼻。

年轻时，我们受点伤，失恋了，迷路了，就以为世界天崩地裂，再也无法苟活于世。不然，肯定会闹个天翻地覆，让对方也不好过。如此做法，只会为恨意燃油，依然无法点燃爱情之火。

一直觉得那些为爱情伤害自己的人，多半是傻瓜。那些为爱情轻生的人，更是愚蠢至极。

只因，不管多么糟糕的事情，都不值得我们暗自菲薄。总有一天，当你笑着去讲述那些悲伤的往事时，才会懂得，释然，不过是迟早之事。

朋友说，怀孕的女人，一定都有一个惊心动魄的故事——今天又呕吐了，不能仰睡，怎么睡都睡不着，肚子大到无法走路等。

　　直到朋友生孩子时，才发现，怀孕时以为难以熬过的事情，何足挂齿。朋友折腾了一夜，而后又选择了剖腹产，阵痛的过程，朋友难以自持，却始终没有像周围的妈妈那般大呼小叫。

　　她生完孩子，见到母亲，本想夸耀自己刚刚的表现真像个女英雄，却听到母亲讲了生她的过程——

　　那时，医疗设备差，母亲难产，为了顺利地生下她，母亲选择了剖腹产，那时，只能打三层麻药，手术刀割开最后一层时，她疼得昏死了过去。醒来后，她口渴得要命，身边却无一人照料，她看到一个暖水瓶，不管是开水还是凉水，她大口地喝了起来……

　　直至今日，六十多岁的母亲，肚皮上依然有一道非常明显的疤，上面有歪歪扭扭的十五针的印痕。它诉说了一个关于母爱和勇气的故事，也记录了一位母亲在最为艰难的时刻，依然坚强自如地淡定。

　　朋友听完，摸了摸肚皮上完全不明显的疤，看着月嫂、婆婆，以及所有的家人都在围绕着自己转，她突然觉得很幸福，连给我打电话时的语气都变得炫耀起来，全然没有昨日的愤怒、不安。即使肚皮依然频繁地疼痛，也被她称之为"痛的幸福"。

这个世界上，上演的永远是谁比谁更惨的传说，真实的人生却是，每个人的痛苦都不特殊。一个内心真正有伤痕的人，不到关键时刻，定然不会随意宣泄自己的痛。

唯有那些故事，那些回忆，如此质朴，如此真诚，没有半点虚妄，所以弥足珍贵；唯有那些痛苦，那些悔恨，如今看来，并不特殊，不堪一提，所以谈笑风生。

有些事，独自去做反而更容易成功

时常觉得个体的潜在能力是如此强大，尤其当它被激发时。

友人喜欢钢琴，三十岁的时候，才终有机会可以学钢琴。她一边上班，一边学琴，不到半年的时间，竟也学会了几首简单的曲目。她不会停下来，要一直学下去，利用业余时间学琴，已成为一件绝顶享受的事情。

很多人问，会不会觉得枯燥。

友人连连摇头，好像也没有解释的必要。真正享受其中的人，才会意识到，在悠扬的琴声中，感受莫扎特的天才气息，体会舒曼的浪漫情结，读懂肖邦这位钢琴诗人……与如此多的钢琴大师交汇，何来枯燥一说？

真是没想到友人说去学琴，竟真的行动起来了，而且会坚

持那么久，还列了那么多的攻克目标。

之前，我和友人曾相约去健身，也一起办了健身卡。我们曾信誓旦旦地说，一定要减到百斤之下，否则，誓不为女人。

本以为相约，会督促或牵制两个人一起行动。未曾想，这种约定竟然是无效的。我们根本凑不到一起去健身，毕竟，运动也是件辛苦的事情，我们好像总在找借口去逃避。我们彼此心照不宣地，不再提健身，任凭那张卡足足荒废了半年。

听闻友人去学钢琴，最初，我曾嘲笑她，以为那张钢琴卡的命运，多半会和那张健身卡一样，被荒废、闲置。

我在旁边看着友人一天天坚持下来，心不由得发虚，也赶紧拾起健身卡，跑到了健身房。当我一个人在健身房，一边跑步，一边欣赏落地窗之外的风景，不禁发觉，汗流浃背的感觉，竟让内心如此满足。也终明白，那些坚持健身的人，多半是享受的，而并非看上去那么枯燥。

友人知道我最近在坚持健身，感慨不已，有时，一个人的行动要远远大于两个人的约定。尤其当你决意去做某件事，其力量更是不容忽视。

于是，她重拾健身卡，再次健身。我们虽没有相约，反而都可以坚持下来。所以，决定去做一件事，不要相约而行，独行时，也许能坚持更久。

读书时，总认为其中一位室友是不合群的。不管宿舍内多么热闹，多么希望她参与其中。她依然行色匆匆，去读书，去上晚自习。多么渴望可以影响她，让她感受到集体的温暖，但她，只愿活在自己的世界中。

那时，太年轻了，甚至有些不自知的自以为是。

我们总在责怪她的不合群，多半认为她是孤傲的，不近人情的女孩。她不爱多言，很少说家中之事。唯有一次，她突然泪流满面，说下雨打雷了，母亲一个人在家中，不知道会不会害怕。

我们赶紧说，当然不怕，还有你爸呢！

女孩摇头不止，转而哭泣，可惜，他早已不在人世。

自此，我们格外心疼她。相约去做一些事，总想带着她，但她多半会拒绝。她几乎把所有的时间都用来读书，美容，健身。每当看到她，总会被她夺目的光彩打败。令我们惭愧的是，她的成绩更是优异，大三时，她被交换到香港读书，这些都是我们可望不可及之事。

直到大学过了一半，才突然间明白，她早已脱颖而出，成为同学之中的佼佼者。以后的人生，多半不会再有交集，不善言谈的她，肯定会有别样的精彩。

羡慕之余，反思自我，会觉得可怕。我们似乎在宿舍里浪费了太多的时间。

　　那时候，我们总是相约去做一件事，意见总会不统一，时间上也要互相等，于是，还没有开始做，时间就已过去大半。还没有做出决定，会发现天色已晚。还没有前往一个地方，就要面临散场……

从此，宿舍的人有些收敛，望着她空空如也的床铺，每个人都在内心暗下决心。虽然早已追不上她的步伐，但觉醒的人生，也有种独特的力量，逼我们前行。

　　那些不合群的人，也许是特立独行之人，也许是怀揣梦想的行者。唯有自己，再也不敢盲目猜测，或暗自菲薄。

　　和同事商量，一起去拍摄北京植物园的风景，以后，方便应用到配饰方案中。

　　我们相约在周末，利用大家都空闲的时候。这个约定，本是善意的。未曾想，执行起来，却遇见了种种麻烦。

　　第一个周末，她老家来人；第二个周末，我出差了；第三个周末，她的孩子生病住院；第四个周末，我在公司加班……

　　如此，和同事那个美好的约定被一搁再搁。不知不觉，竟已过了两个月。一次，我再提起，同事恍然，她已经将此事忘记。每天的繁杂事务，实在太多，忘记一个约定也可理解。但，北京之秋，景色最美，我不能一错再错。

　　一日下午，我特意请了半天假，去了北京植物园。那正是晨光微曦时，我恰好走进植物园的蝴蝶馆，里面蝴蝶翩然起舞，恍若梦境。

　　整个植物园的美景，令人目不暇接，大自然的美，植物的静美，永远超越人类的想象，尤其是在那晨光中，更是静怡、幽然。

拍摄回来，同事边看边惊呼，在城市里憋坏了，看到美丽的自然景色，就不由得感慨简直称得上人间仙境。

她后悔连连，忙许诺，这个周末一定前往，再也不错过。果不其然，同事也拍来了她眼中的北京植物园，与我视角不同，风景别样精彩。

那些被一搁再搁之事，那些再也不能实现的梦，想想，有多少时候，是因为自己怕孤单，无人陪伴而行，而不得不放弃。

行者永远不会在乎路上有多少伙伴助力，有多少呐喊助威。在独行的路上，他执信念于心，义无反顾，外人看来悲凉，他却享受其中。

念此，顿悟，相约而行，往往不如孤身前往。

本以为两个人去，可以相伴而行。结果，却往往事与愿违。相约之人，总会被繁杂之事牵绊，倒不如一个人来得痛快。

confused · growth

谁的青春不迷茫，迷茫之后才会成长

学会爱自己

一日，凌晨三点，我们还在加班，同事突然倒在地上。

我自然吓得要命，赶紧把她扶起来，去了医院，一检查，才得知是贫血和低血糖，因并无大碍，我们才松了口气。那时，我们已连续加班了一个星期，早已忘记自己是女汉子的身份，身下还流着"大姨妈"的哀愁。

那个项目太紧张了，即使日日夜夜地加班工作，也不见得可以完成。我们顶着巨大的压力，凝成了一股劲，憋了一口气。无论如何，一定要完成！

那弹簧绷得太紧了，于是，一天没吃饭的同事晕倒了。看来，肥胖偶尔也是一种优势，我不禁沾沾自喜。

同事即使病倒在床，依然关心项目是否完成，那种认真的态度，令老板一连说了几个嘉奖。看来，她今年年底的加薪以及奖金，肯定不会少。

项目结束的时候，同事早已完好如初。与老板促膝长谈后，我们都以为会等来她的好消息，她却递交了辞呈。

那次熬夜，她才意识到，拥有健康才是爱自己的最佳方式。晕倒的瞬间，一股血液一下涌上胸口，令她疼痛难安。然后，她眼前一片黑暗，就此没有了知觉。也许，死亡就是这样的感觉吧，那么可怕，如此绝望。

如果，她就此离开这个世界，人生定然会有诸多遗憾。

她曾计划的徒步旅行，她曾想去拜访的古老园林，还有她所期待的那段爱恋，肯定都会在一瞬间化为乌有。

同事默默地收拾着格子间的办公桌，悠然地踱着方步。

突然觉得她的神态间，竟也流露着一股气定神闲的淡定，再无昨日之急躁。要知道，在这间办公室里，她以前都是小跑的节奏。

和我们道别后，她长长地舒了一口气，好像得到了某种解脱。走出办公室，她突然甩掉一切束缚，急速地奔跑起来，融入了阳光明媚的街市。

那感觉就像，爱自己，刻不容缓。

友人在大学期间，学习很优秀，曾多次拿到奖学金，一直是同学们的榜样。身为学霸，我总觉得她身上好像缺少了一些东西。她更多的，只是把学习当成了一项任务。似乎拿到高额的奖学金，才是她真正的目标。

虽然友人很勤奋，但她从未认真地照过镜子，打扮自己。她每天穿着一身运动装，就这样一下子穿到了毕业。

她家境贫困。未曾想，钱竟然成了困扰她生活的主要问题。当同学们去报班提升自我时，她嗤之以鼻，有那些钱，还不如好好存起来；当其他女孩去旅游开阔眼界时，她会说，其实看看图册也挺好的；当身边的人学着打扮自己时，她会说，那些都是华而不实的东西……

在她的身上，我看到了朴素之美。她很善良，愿意帮助别人，她从不说谎，对人也很真诚。她有很多优点，早已掩盖了她的缺陷，那就是——她从没有真正地爱过自己。

在人生最好的年纪，她似乎一直被一件事情束缚着——那就是一定要节省开支。可是，她也就此错过了许多精彩，忽略了自己真实的需求。

毕业时，虽然成绩很好，她却没有被保送上研究生。在复试那一关，所有的复试者都可以侃侃而谈，唯独她两眼茫然，低着头，说一句话就羞红了脸。

也难怪，大学的四年内，她没有买电脑，所以并不会

使用电脑，她的消息总是很闭塞，她不知道女孩们都喜欢讨论什么，她很少看新闻，买报纸在她看来也是一件很奢侈的事情……

所以，她总显得很孤独，始终站在人群之外。但是，她把所有的钱都存了起来，在毕业的时候，全部交给了妈妈。她认为保研未遂，其实也是一件好事，毕竟工作一年可以赚很多钱。

我不知道以后的她是否舍得为自己投资，是否已经开始学着爱自己，并享受当下的生活。

我只知道，在大学最美好的四年时光，她每天埋头苦学，一定收获颇丰，但是，她也因此错过了很多，那将是她一生的遗憾。

姨妈年轻时就老爱喊胃疼。奇怪的是，她从来不去医院看病，经常是看着医书，自己跑到药店去抓药吃。

一直觉得她活得未免辛苦，每天大把吃药，却从未见她的病痛减弱。

后来，姨妈喜欢研究古代偏方，如何让自己的白发变黑，如何让她脸上的色斑消失。为此，她每天都在喝一些奇怪的汤汁。

这样迷信的行为，未免显得愚蠢，我们难以理解，也常常劝告她不要再那样做。姨妈表面会答应，私底下却从未停止过自己的"养生术"。

　　后来，我学习心理学，学到老年心理学，才发现姨妈这样的行为，其实是一种病态。拖延着不去检查身体，拖延着不去锻炼，同时也拖延了自己的幸福。在这个拖延的过程中，姨妈经常一个人望着窗外发呆，她把自己关在了一个孤独的世界中，那些古代偏方就是她的所有。

　　最终，姨妈在我们的规劝下，去看了医生。还好，她并无大碍，只是有些胃溃疡。医生开玩笑道，阿姨，以后好好爱自己，要是您可以凭感觉看病，我这个博士就白读了。

　　我们都笑了，姨妈也笑了，我已经很久没有看到过她的笑容了。那一刻，我明白她那孤独的世界，肯定悄悄地打开了一扇窗。

　　所以，从此爱自己吧。就像那首歌所唱的那样，自己都不爱怎么相爱，怎么可给爱人带来好处。

　　当你去爱自己，才能发现你的与众不同，才能发现他人的独特之处。当你开始爱自己的那一刻，你从此变得与众不同，当你学会爱自己的那一刻，身边的人如沐春风，当你真正懂得爱自己的那一刻，周围的世界都会因你改变……

颠沛流离的日子，最需要的是勇气

　　我刚刚来到这个城市，以为自己肯定不会习惯这样的生活。身边没有一个熟悉的朋友，也没有人和自己一起吃饭，我每天都会捧着高木直子那本《一个人上东京》，默默地看，开心地笑，突然间，伤感就会涌上心头。

　　可是，慢慢，我开始喜欢上了这样的生活——有规律、不盲目，还有一个奋斗目标，长期的、短期的都被明确地贴在了墙壁上，让我觉得生活挺有奔头。

　　我总是在搬家，从一个地方搬到另一个地方。以前总觉得很辛苦，慢慢地，倒觉得挺幸福的，没有搬家，就无法见到更多的生活方式。

　　每换一个小区生活，我都会发现有趣的东西，一个好吃的早点铺，一棵与众不同的树，一池漂亮的荷花……当我离开某个小区后，我还会跑来看它，来看看我曾经生活过的印迹。

我喜欢这样的生活，有记忆，有怀念，可以一再回望，每一次都有收获。

搬家途中，我遇见了很多真诚的朋友，虽素不相识，缘分却让我们聚在了一起。我们一起看电影、看话剧，一起做火锅，分享从老家带来的美食。那些时光沉淀出来的记忆，都让我无比珍惜。

偶尔我也会受伤。我对人很少有提防之心，所以会受骗，但我不觉得太过难受，也并不会因此怀疑人生。

朋友从另一个城市来看我，当她抱怨挤不上地铁，住不惯人多的房子时，她觉得我的生活未免太辛苦，有一种颠沛流离的感觉，她肯定无法接受或习惯这样的生活。

如果这也算颠沛流离，我却从中读到了"流浪"的幸福。假如三毛的流浪是在遥远的沙漠，我的流浪就在这座城市之间，至少，生活是如此鲜活。

不是不需要安定、富足的生活，我想在得到那些之前，慢慢打磨自己，让自己配得上那些美好的事物，因此收获一份美好的回忆，才是最好的生活。

任曦坐在我的对面，说当年最喜欢的诗歌莫过于翟永明的那句——某种东西控制我，让我生前找不到出路，死后仍颠沛流离。

没想到这位毕业于名校的IT男，竟然喜欢诗歌，喜欢的诗人也是我的心头好。我问他，是否有过颠沛流离的感觉？

他点点头，笑了。那时，他准备自己创业，身边一下子涌现了很多人。大家都很热心，纷纷支持他。还有几个打算自己创业的伙伴也加入了，来到了他的身边，决定跟着他大干一场。

任曦做的是技术创业，每天都要做大量的数据分析，思考新的创意点。他开始掉头发，夜夜失眠。

无奈，每一个创业者之路注定要历经磨难。半年后，一起创业的伙伴没有看到成功的希望，迫于生活的压力，纷纷离开。最后，这支创业队伍，只剩下了任曦和另一个小伙伴，他的想法很好玩，他想陪着任曦走一走，看看到底可以走到哪里。他还特煽情地告诉任曦，如果生活是一片荒原，没有梦想，我们谁也找不到水源。

任曦被眼前小伙伴的真诚打动了。而后的一两个星期，他都没有入眠，银行卡内的存款就要"弹尽粮绝"了。似乎已经无路可退，如此残酷的现实，令他倍感孤独。如果一个星期内，再拉不到风投的话，他和最后一个创业伙伴只能就此举杯、告别。

那天晚上，他们喝酒到天亮，一直睡到天昏地暗。他们商量，明天就出发，他们要去西藏，去拉萨，去放松一下。登上火车，任曦看着窗外的风景，觉得世界真的好大，他豁然开朗，觉得前一段时间的痛苦不堪，多么像一段不真实的生活。但是，失败的真相在于，它会让你认清自己以及身边的人，不是吗？

我忙问，如今成功的他，怎么看那段生活？

他说，有一天，当你落难，首先责怪你的一定是合伙人，第一个远离你的也许是朋友，首先背叛你的也许是你最亲近的人，而首先选择信任你的，却是陌生人。可是，即使他们责怪、远离、背叛，又能如何？

他需要的，不过是继续上路的勇气！

突然顿悟，年轻时，谁都得鼓足勇气前行，谁也猜不透明天会幸福如初，还是会颠沛流离。可是，就在今天，这一刻，我们认真地活过，就是生命的值得。

陪友人看完《致青春》，她哭得无法抑制。许久，她平静下来，伤感地说，那些青春，那些属于她的勇气、爱情，好像就在这场电影中，永远回不去了。

电影所讲述的故事中，郑微被很多人喜欢，她却对"高冷"的陈孝正情有独钟。于是，骄傲的郑微放下身段，疯狂地追求陈孝正。

在美女的强势攻袭下，陈孝正终于"败下阵来"，与郑微成为了一对甜蜜的恋人。大学结束的时候，陈孝正选择了出国留学，却没有勇气对郑微坦白，郑微只好痛苦地离开。原来，她所珍惜的爱情，在他的心中，还没有一段留学的经历重要……

友人说，在这场故事中，自己就是曾经的郑微，她努力地追求过另一个陈孝正。结局不同的是，她在无奈中选择了留学，留下他一个人站在机场，默默地看着她离开。他没有挽留她，倒是她拼命地劝他，跟自己一起去留学，他拒绝了。出国读书，哪里是一段爱情，一句话就能决定的事情呢！

他没有勇气劝她留下来，她也没有勇气劝他离开。

如今，友人依然未婚，过得逍遥自在，令人羡慕，却也难免孤独。他却早已结婚生子，过上了平淡的生活。友人再也没有打扰过他，有时，也会幻想，假如当初和他走在一起，人生会不会有所不同。

走上街头，告别时，友人突然转头说，再也没有一段时光，可以让她如此感动，甚至泪流。也许，这就是《致青春》之所以感动一代人的理由吧，在年轻时，我们曾盼望遇见一个人，一起去远方。即使倍受折磨，却也毫无怨言。

回想那段时光，总会有些后怕——那时的勇气虽然纯真，好像天不怕地不怕，却总隐藏着一种不计后果的残忍。

　　在那个可以疯狂的年代，有人愿意陪你颠沛流离，那颗心，多么难能可贵。只可惜，经常是一个转身，它就消失不见了。

你对生活的态度，就是生活对你的反馈

我正倚在窗户上，等待她。

每一次出门，她都要盛装打扮，生怕妆扮会有任何瑕疵。此时，她正在对我抱怨，北京的秋天真是太短了，还没来得及穿上她最喜欢的毛衣，就要穿羽绒服了。

我没有回答她。其实，这是一个很美好的周末，昨天下午，我就向她发出了邀请，一起去喝下午茶。我好像挺需要一个人陪着，即使这个人不说话。

这个美好的下午茶时光，我一直未等到。因为她还在抱怨，先是抱怨这座城市灰色的雾霾，后又抱怨老板太苛刻，然后抱怨同事喜欢让她代打卡……

她喋喋不休地抱怨，也引起了我的共鸣。我们越说越带劲，好像全世界都欠我们。我更是夸张，一边抱怨，一边模仿。不知不觉，她的衣服还没有换好，这里已经成为了两个怨妇的世界。

我望向窗外，此时，天气正好，蔚蓝色的天空，纯净得像是孩子的眼睛，触动了我的思绪，那一刻，我莫名觉得孤独，很想落泪。

我谎说有事，撇下了还在照镜子的她，转身离开了。那天下午，我过得格外美好——我去了公园，喂了美丽的白鸽，还去了咖啡店，点了两杯卡布奇诺。

原来，一个下午竟然会有两种姿态，我可以变成一个怨妇，抱怨全世界都在下雨，也可以做一个美好的女人，享受下午点点滴滴的精彩。

时间也是有表情的。它看着你的表情，你抱怨，它也会跟着愤怒，你微笑，它会乖乖地跟着你感动。每一个小小的举动，都有可能是你或别人生命中的转折点。就算它的影响暂时是微弱的，长久地积攒，也终能厚积薄发。

一次，我和晓琳去云南出差，路过一片广场时，我们看到了一群人在跳舞。蓝天白云下，那支舞蹈队身上的红色绸带如此飘逸，像一席流动的梦。

我们不禁停下车来，打开窗，想美美地欣赏这支舞蹈。正当沉醉其中时，突然跑来了一大群孩子，他们拿着水袋，砸向了窗户。司机见状，赶紧闭窗。但还是晚了一步，那些水袋有的砸到了我们的脸，有的砸到了我们身上，把我们全身都给弄湿了。

司机赶紧解释，真不好意思，这是当地的泼水节。这一天被水泼到的人，代表这一年会有好福气。

幸好，我们已经见了客户，不然，怎能以这样的脸面出现？

看到我如此沮丧，晓琳乐观地说："咱们挺幸运的，刚刚见客户就很顺利，现在又被幸福的水浇了，只是这些文件要回去重新做了。"

晓琳的乐观感染了我。当地人的泼水节本是他们共庆的节日，我们只是无意中闯进来凑热闹的人罢了。反正客户也见了，资料也湿了，不如放松一下。

我们索性走到人群中。于是，那福气的水朝我们迎面而来，一瞬间，我们被泼得更厉害了。旁边，一个车主正在跟那些泼水的年轻人吵架。

幸好，我们及时改变了思路。不然，肯定也得和他们大吵一架。那天晚上，我们几乎彻夜未眠，重新做了一套方案。但那天所经历的事情，却成了一段有趣的记忆，让我们久久怀念。

生活就是这样，谁也不知下一秒会发生什么。一念之间，我们可以入天堂，也可以下地狱。

当你抱怨生活时，生活也很委屈，因为它根本不知道你是谁。

一个心理学的老师说，童年时，她的记忆力被很多人称赞过。她很会背书，几乎过目不忘，她曾因此沾沾自喜。

后来，她遇见了很多拥有优秀记忆力的男人，让她自愧不如。她认为，男人的记忆力其实是优于女人的。

我们不理解，是什么原因造成的呢？

老师回答，记忆也有性格，它会有选择地去记忆。女人偏偏喜欢去记一些不愉快的事情，这大概才是女人记忆力不好的原因吧。

这席话，让我想起自己与大学同学的一次聚会。当我们回想起当年的趣事，以及老班长时，却惊奇地发现，我们对那位班长的记忆完全不同，对他的评价更是各异。因为评价相差太大，我们争吵起来，彼此都更愿意相信自己记忆的版本。

其实并没有分别太久，大学的记忆仿若还在昨天。真没想到，对同一个人，我们的记忆会有如此大的差别。于是，我们不由得感慨，记忆真像诡异的导演，让你记住愿意记住的回忆，忘记愿意忘记的事情。

生活中，我们都是盲人摸象，在冰山一角触摸到冰冷，便以为已经探知了整座冰川。仔细想来，这就是生活的真相吧，你永远不知自己在别人的口中会有多少版本，因为你无法让所有人都满意。不管你做什么，都有人欢喜有人忧。

假如你乐观，记忆就跟着你笑，假如你悲观，记忆就会跟着你哭。

只因，你的样子就是它的表情，你的感受就是它的味道。

人生需要适时的孤独

再读莫兰迪，是在北京的秋天。我和涂哥一起来到中央美术学院，欣赏了莫兰迪的画作。

世人心中，莫兰迪的一生注定是孤独的，他甚至没有光辉的记忆——因为他没有结婚，也没有爱情，如同一个孤独的苦行僧行走在绘画的殿堂，绘画就是他的一切。莫兰迪一生简朴、淡泊名利，几乎没有离开过家乡，真的和我所理解的画家的生活有所不同。

在20世纪，世界艺术最为喧嚣，唯有他如此诚恳，如此孤独。他一直坐在波罗纳的画室中，用质朴的色彩去描述简单的东西，他最爱画的莫过于简单的生活用品，比如杯子、瓶子、盆子，或常人最熟悉不过的生活场景。

他的画作如此清新、高雅、真诚。品读他的画，没有艺

术张力，却可以让人莫名地安静下来，觉得这一切都是那么亲切、熟悉。

莫兰迪终其一生都在画画，他画波罗纳郊外的风景，画他的生活用品。他遗留给后人的那一千张画作中，有他孤独的探索，也有他对世界独特的理解。他说，艺术家就是要用尽全部的力气，去画他眼前的世界。

莫兰迪早期曾沉迷于文艺复兴大师的作品，他喜欢塞尚的静物画，也曾刻意去模仿立体主义的画作。他走过了孤独的探寻、茫然，最终，莫兰迪找到了自己的艺术语言，开始了"冥想"式的静物画创作，并一举成为20世纪备受赞誉的画家。

孤独，已经成为莫兰迪最忠实的朋友，他最信赖的艺术语言，并可以带给他源源不断的正能量。他依赖一个人的孤独，他独享创作时的孤独。当然，每一个绘画大师的背后，都是孤独的支撑，孤独的求索。

与我同来看画的涂哥，其实也是小有名气的工笔画家。当他看到莫兰迪那神秘、孤独、抽象的画作时，莫名地想哭泣。涂哥认为莫兰迪那个孤独的精神世界，自己永远也走不进去，那种孤独并非一种煎熬，而是一种孤寂的释然。世界这样大，唯有莫兰迪明白自己是从哪里来，又要前往何方。

涂哥说得过于抽象，我自然不能理解。

我唯一懂得，当我们趟过生活的急流，走过孤独的险滩，终于有所结果时，结果也许没那么重要了。

直到人生的最后时刻，莫兰迪才找到了自己的创作语言，自己擅长的风格。纵观他的一生，那段孤独之路尤为吸引人。

我们时常看到一些艺术家狂吼，要去外面的世界寻找艺术灵感，去寻找全新的生活。也许，最令人感动的艺术素材就是你独处、创作时的孤独。

尽管涂哥在莫兰迪面前如此自卑，其实他自己就是一位了不起的工笔画家。一次，我代表公司去寻找优秀插画师时，结识了涂哥。

他工作的地方就在我们隔壁。每次我跟他打招呼，他总是点点头，匆匆而走。那时，SOHO现代城那家光合作用的书屋还在，我每次上班、下班都能看到他站在一排书前，他就那么安安静静地站着，捧着一本书，最美好的世界就在他的心中吧。

落地窗外面，就是喧闹的人群，高大的圣诞树上挂满了礼物，放眼望去，整个国贸灯火通明，人群更是拥挤，颇有过节的氛围。唯有涂哥一个人孤独地站着看书，那一刻，这样的场景打动我。

后来，他邀请我去798看他的画展，去博物馆看他和其他画家的联展，再后来他成为了一个职业画家，每天都在画他眼中的世界。

我曾问，每天都画画，会不会也有厌烦的时候？

涂哥回答，每天都在画画，每天都在重复一件事情，慢慢内心好像就生出了一种耐力，越是孤独地走下去，耐力也就越强大。周围越安静，自己可以感知的世界也就越大。

也许，做人做事都需要涂哥所说的那种耐力吧！安静地努力，安静地收获，在别人喧哗、茫然不知所措时，你早已把光环摘下。

有一种孤独是你不知道未来会怎样，你也不把希望寄托于昨天，你花费掉所有的力气，所有的时间，让孤独写满你的生活，你的梦想。那个奋斗的过程，努力的感觉，可贵而有力，感动了每一个旁观者。

朋友不屑一顾地补刀，你所说的这些人都是极少数，大部分人还是被现实所困，我们努力工作就是为了养家糊口，还房贷、买奶粉，就此谋生。

这样现实的语气，这样正气凛然的回答总会瞬间打倒我。可是，我们的生活除了这些物质的必需品，是不是也可以多一些诸如莫兰迪和涂哥那种执着的耐力呢。

我们每天像蜗牛一样，背着沉重的壳行走在世界上，如果只是一味地埋头赶路，一味地盲目行走，忘却思考，摒弃梦想，岂不是活得很累？

如果，我们找到一个方向，一个梦想，并愿意为之付出，不求回报地为之努力，未来的生活，会不会因为这卑微的改变而有所不同呢？

我相信一定会的。

因为人人生而孤独，人人生而不同。如果你还没有发现孤独的能量，如果你还是随大流般的东奔西走，不辨方向，倒不如找到你最爱做的事情，去付出吧，去努力吧，不要迟疑，不要怕没有回报。

终有一天，你会感谢那些孤独的时光，没有人帮忙，没有人关心，只有你一个人在奋斗。

终有一天，你会感谢那些独处的时间，没有人打扰，没有人过问，你安静地做着自己心仪的事情，自然而然地实现了梦想。

感谢自己的不放弃

那年夏天，安澜接到了一个根本无法完成的任务——一个月后，主编安排她去采访国外旅行社驻中国的代表。

安澜的英文并不好，她打电话向我求救。

我问，可以放弃吗？

她坚定地说，不行。她要迎难而上，不想留后路。她喜欢这次挑战，并且只能成功，不能失败。

看到安澜如此坚定。我突然想到了一个完美的办法，建议她找一个英文翻译，陪着去。安澜没有说话，我知道这个倔强的孩子已经有了主意，她给我打电话，不过是想寻找一些肯定，以来坚定自己的坚持。

此后的一个月，我没有看到安澜。唯见她QQ的个性签名变成了——第一次青春是上帝给予的，第二次青春是自己努力得来的。

那一个月，安澜报了新东方的英语口语速成班。最初七天，她有点坚持不下去，每天念得嗓子发痛，而她根本顾不上照顾嗓子。不知不觉，她好像迷上了一个人练英语口语。

采访那天，她请的英文翻译因故没来，她也没有因此紧张不安。当她鼓足勇气来到旅行社代表身边时，他却用流利的汉语彬彬有礼地说："您好！"安澜默默地松了口气。而后，他一直在用流利的中文和她交流。

安澜回来把这件事情告诉了主编。主编才恍然大悟，他好像忘记告诉安澜，那位代表的中文很好。随后，主编笑道，以后的英文采访就交给你了，大胆地去做吧，我看好你。

之后，安澜并没有放弃学英语，她越来越沉迷于英语口语的学习。每到深夜，我加班熬夜到很晚，看到她的窗户依然亮着。在那些孤独的夜晚，我似乎总能听到她在那里矫正口语，背诵励志的英语文章……后来，安澜真的可以用英语和人面对面地直接交流了，她选择了跳槽，一跃成为了英文班的培训老师。

幸好，那年夏天，她没有言败，此后的人生也因此节节精彩。

感谢，主编的一个疏忽，成就了她的英文，并让她从学习中获得了成功的秘诀。每个人都害怕失败，更害怕努力之后，还是会失败。成功可以复制，唯一接近成功的真理是，认真以待。

看到《长腿叔叔》的最后一页，我被感动得流下眼泪，朱蒂终于找到了思念四年的长腿叔叔，更有幸的是，他就是自己深爱的杰夫少爷。

朱蒂生在孤儿院，她一直怀疑，这个世界上是否有人真正地爱过她，包括她的父母。幸好，一位神秘人物因爱慕她的才华，愿意供养她去读大学。那一刻起，朱蒂的世界终于照进了一束阳光。她满怀欣喜地来到大学，并发誓，为了报答长腿叔叔，不管前程多么坎坷，她一定要成为著名的作家。

朱蒂孤独地生活在这个世界上，她望向窗外，世界是那么大，她却无家可归。她日日夜夜思念长腿叔叔，希望他可以见自己一面，可他，却从未出现过。

于是，她只好收住眼泪，每当课程结束，她就在床上、灯下开始创作。遗憾的是，她所有的作品都石沉大海，很多次，她都在怀疑自己是否可以成为一个作家，发表一篇文章。怀疑之余，她只能继续写下去，只有这样，她才能为自己的梦想找一个出口，偿还长腿叔叔对她的爱护……一天天过去，四年后，她终于成功了，却没有预料中那么得意。她对着四年前的自己挥了挥手，告别了曾经的自卑。

在朱蒂年少的梦中，她盼望的不过是有一个家，有一扇为她而开的窗，如今，她得到的远远不止这些。只因，当她开始努力的时候，周围的世界就已悄然改变，当她一点点超越自我时，她身边的人都被这个瘦弱的女孩打动了。

她不喜欢用否定词，因为那样的词语和语调，总会让自己显得很忧伤。可贵之处，在于她从来没有放弃过自己。难得的是，她一直拥有梦想。

幸好，在那些不如意的灰色时光中，她并没有放弃，才可以有机会拥有之后的灿烂人生；幸好，在那些匪夷所思的困难面前，她没有倒下，才抓住了深爱的男人之心。

在遥远而偏僻的山谷中，有一朵美丽的百合。最初，它和周围的杂草没有什么不同。唯有它知道自己其实是一朵百合花。

它明白，为了证实自己是一朵美丽的花，它要盛开花朵。

直到春天的早晨，它的头顶终于生长出了第一个花苞。百合花很开心，周围的杂草却不屑一顾，它们一直嘲笑百合花异想天开，并劝告它不要做梦了。偶尔路过的蜂蝶鸟雀，也劝百合花不要继续努力了，在这悬崖边上，即使你可以盛开，又会有谁来欣赏呢！

百合花并没有因此绝望，依然努力释放内心的力量，最终，它终于盛开了一片片花朵，成为了悬崖上一抹最美的色彩。这时，所有的杂草和蜂蝶都不敢继续嘲笑它了。此后，百合花的种子洒满山谷，悬崖处处是洁白的百合。人们纷沓而来，称这座悬崖为"百合谷"。

百合花的每一朵花瓣上都有一滴晶莹的泪水，蜂蝶们以为那是露水，唯有它明白，那是自己喜极而泣的泪水。

唯一感谢的是，在那些略显失意的生活中，百合花从未放弃希望，它最与众不同的地方在于——在那些美好的旧时光里，它从未言败。

别让自己在同一件事上再次受伤

　　小荷和前男友分手后，她还想见他一面。于是，她苦苦哀求他，告诉他只是想见他一面。他只好答应了。小荷说，他愿意见她，这让她很感动。

　　两人分别后，约好了下次见面的时间。之前是情人，好像也没有撕破脸的事情，为何不能继续见面呢？

　　于是，见面的次数一次次增多。小荷与前男友居然重新成为朋友，当然，她希望他们可以永远做朋友，并不奢望他会回来。

　　小荷常给他打电话，告诉他，她此时此刻在做什么。她甚至觉得，他们现在的关系，比之前还要亲密。他对她也不像之前那样，总是遮掩、撒谎，如今，他也愿意跟自己亲近。

　　遗憾的是，小荷总有一种幻觉，觉得他仍是自己的男朋友。

一次，小荷拉着他的手去逛商场，遇见了一个同事。同事疑惑地问，这是你的男朋友？

没等小荷点头，前男友就赶紧回答，我是她的男闺蜜。

同事不可置信地看了看他，又看了看小荷，摇摇头，离开了。那一刻，小荷泪流满面，她觉得前男友伤害了她的自尊，她对他大发脾气。

他狠狠地丢下一句话——忘了我吧，不要再联系！

可怜的小荷顿悟，在这场爱情中，她被伤害了两次。尤其是这一次，她格外受伤，一种前所未有的孤独浮上她的心头。

本已经分手的爱情，本已经分开的两个人，又何必要做出亲密的姿态，让彼此心生期待呢？决定离开的话，还不如干净利索，不然，心有希望的那一方肯定会受伤，说不定还会陷入更深的孤独中。

本以为已经转身的爱情，本以为可以潇洒地离开，无奈，总有一个人会误解，总有一个人装作不理解。因贪恋那一点温暖，又要在逐渐愈合的伤口上来一刀。

据说，我们每个人都在等待一个理解自己的人，而并非等待一段爱情。所以，我们会遇见很多次爱情，最终，却只能牵手那个看似很懂自己的人。

遗憾的是，上天总不会安排那个懂你的人早点出现，或者，上天希望你的心灵备受摧残，才会珍惜那个懂你的人。所以，我们都是走在路上的孤独者，孤独地寻找，孤独地等待，等到之后还要继续怀疑，怀疑之后还会牵手，牵手之后还会沮丧。

友人的婚姻名存实亡。

并非第三者插入，却也出现了第三者；并非夫妻感情破裂，但她与丈夫已多日未言一句，丈夫再次发酒疯，一拳打伤了友人的眼圈；并非过不下去，但是不去尝试新生活，友人怎可甘心。

友人矛盾，纠结，全然没了主意，不停地问身边之人，让朋友去见那位男人，并给出评价，自己也一一把所有的评价，品味，回味。每当夜深人静时，友人却失眠，站在窗前，看那个灯火通明的城市，却全然找不到归属。

就是不敢迈出那一步，不敢前进，不敢后退。

这是三个人的爱情故事，明明都知道对方的存在，所以，他们一起纠结，痛苦。我向来不喜欢苦情戏，三角恋爱的故事在我看来，是苦情戏中最无聊的桥段。

于是，众人纷纷劝友人拿定主意，不要左右摇摆，选一个人走下去。友人摇摇头，似乎还是下不了决心。

我突然想到三年前的某个夜晚，月亮如同今天一样圆。友人对身边的人抱怨，和今日的情境如出一辙。那时，友人的丈夫因发酒疯，暴打她一顿。友人恼怒至极，想来想去，唯有离婚才可解脱。记得那时，他们折腾了许久，最终，还是未分手。今日，这场离婚大战究竟会闹到何种局面，谁也不知。

三天后，友人肿着眼，对我们宣称，她和老公离婚了，却没有选择另外一个男人。她想让人明白，之所以和他离婚，并非第三者插足，而是她不想在同一条路上再次跌倒。

长辈们未免觉得可惜，连连摇头，在他们一本正经的眉头里，那肯定是大逆不道。唯有我暗自鼓掌，何必再给他一次机会，让他再对友人动粗。

喃喃因受不了老板的神经质，他辞职了，重新找了一份工作。虽然没有第一份薪金高，却也自在随心。

做了一段时间，喃喃突然厌倦了，想回去工作。他问我意见，我劝他好马别吃回头草。喃喃用枕头捂着头，憋了半个小时之久，深深感慨一声，难啊！

那厮，果然没有听我的。为了那点薪金，为了前台那个漂亮的妹妹，他忍不住还是吃了回头草。

之后的戏码，他还像之前那般，咒骂老板，抱怨工作，夜不归宿，蓬头垢面。每次听他诉苦，我都要学他上次的模样，长叹一声，难啊！

坚持了一段时间，喃喃再次辞职，理由和上次如出一辙。

后来，喃喃怕我骂他，不敢打电话，只是在短信上问了我一句，可以再回去上班吗？我恨不得当头给他一棒，才可以让他清醒过来。

我们总在犯同一个错误，却很少有人能反思，为何会如此；我们总在同一个地方跌倒，却喜欢怪路不平。直至一天，那条路被我们跌成一块平地，几乎没有后悔之路，我们才会死心。

更为年轻的时候，我喜欢为倔强活着，讨厌世俗的约束。如今的自己，更相信，约束会让自己变得自律。尽管人人都逃不脱生活的枷锁，总有聪明的人会捷足先登，首先明白，不再让自己在同一件事情上受伤，才是明智之举。

failure · glory

你的孤独，虽败犹荣

最适合你的人，是愿意陪着你的那一位

大学毕业之后，文先生总是停不下来，他似乎总在马不停蹄地搬家，从北京搬到了杭州，又搬到了厦门，之后是深圳，后来又搬到了国外。

男人的搬家多半与爱情有关，开始一段新的恋情，就会有一次搬家的机缘，分手的时刻，也免不了搬家的桥段。但文先生不是，他只是为了搬家而搬家。

看过文先生的画展，画面上，多半是一个小小的黑色的人在孤独的呐喊、远行、思考，据文先生的前任沈墨说，文先生向来只在黑夜中画画，打开家里全部的灯，作画的时候，情到深处会流泪……总之，文先生作画的怪癖不一而足。

沈墨说，文先生自小是单亲家庭长大，坚强而独立的妈妈对他的影响深远。为了躲避旁人的闲言碎语，或许仅仅

是为了抚慰内心的不安，妈妈总是带着文先生不停地搬家。每一次刚刚与周围的小伙伴熟识就不欢而散，每一次刚刚找到了喜欢的玩具就得忍痛离开，就此，文先生长成了一个敏感、多情的男孩，每一次离开，他都会画上一幅画，以此纪念……这个故事大概可以解释文先生为何一直在路上吧，我想文先生一定画了很多这样的作品，毕竟他走过那么多路，看过那么多风景，在他的世界里，自己就是孤独的王，走走停停，全凭他的心意。

沈墨内心柔软、善良，从始至终，她身边从不乏追求者，但多年来，除了文先生，她一直是独来独往。我们知道，她一直在孤独地等待文先生。

听沈墨说，文先生又从国外搬回了帝都，这次回来，兴许是来迎娶沈墨的，我们纷纷猜测，内心不免有些小小的兴奋，这些年来我们总是幻想他会有什么不同。毕竟，敢于一次次地放下熟悉的一切，需要的可不止是勇气啊！

回来之后，文先生结婚了，新娘却并非沈墨，很长一段时间他都没有搬家。看到他安稳下来，我们却不免有些小小的失望，毕竟他代表了另外的一个我们——可以有些另类，敢走敢想，无所畏惧。

后来，果然不负众望，文先生又一次走上了旅程，这一次，据说他要乘坐游轮环游世界，新婚妻子随行左右。

我感慨道，真不知道文先生何时才可以停下来，他会愿意为了什么停下脚步。沈墨泪流满面地告诉我，也许得等到他老得走不动的那一天吧，不过，她最佩服的还是文先生那位美丽的妻子，愿意用爱去纵容他的走走停停，她就没办法做到，不然的话……

我却觉得这就是文先生的性格使然，他童年生活的印迹，他孤独的表达方式，他每一次作画的王者风范，大概只有他的妻子才能够理解其中的与众不同。

那些看似孤独的行者，却常常是最有力量的人。当然，并非所有独一无二的人都孤独，孤独的人有着他特殊的爱这个世界的方式。

文先生什么时候会真正停下来，依然像个谜，他孤独的人生之旅，我们依然充满期待。

我喜欢小禾，她风风火火，性格豪爽，内心也称得上细腻，总之，动静两相宜。

几近三十的年纪，小禾依旧喜欢旅行，多年来，她好像一直在路上，不是心在漂泊，就是人在旅途。她每一次旅行回来，都会和我分享当地的奇闻趣事，当地人独特的生活方式，还有独树一帜的美食。本来简简单单的事情，经过小禾的叙述和润色，总是让我对她去的每一个地方都充满了向往。

小禾笑着说，去一个地方旅行很简单，想要寻觅到当地特殊的味道才是最难的，就像爱情，寻找到一个人为伴很容易，找到真正的可以一直爱下去的人却很难。像她这般年纪，女人们都忙着相亲的时候，小禾却过着闲云野鹤的日子，她的内心肯定向往一场轰轰烈烈的爱情。

后来，小禾去了一趟苏梅岛，自此遇见了一段爱情，她幸福地沉浸于此，很长一段时间我都没有见到她。再次遇见小禾，她痛苦地问了我一个问题，爱情和父母，应该选择谁。还未等我给出回答，小禾就消失了，我好像也没有很着急地去找她，只是觉得她想见我的时候，自然就会出现了。

一晃就是几年，一日，我和朋友们去看电影，在停车场看见了一个仿若小禾的女孩，但又感觉哪里不一样了。我们走上前去，发现竟然真的是小禾。眼前的她和之前判若两人，一副贵妇人的气派，眼神冷淡，双唇鲜红。在她的豪车上，坐着一个异常肥胖的小男孩，用手无礼貌地拍打着她，小禾有些不耐烦，看着她如此慌乱，我们只好不辞而别。

那天，我收到了一封邮件，是小禾寄来的，只有短短的一句话——一直觉得孤独，很闷，生活就像我背着儿子负重而

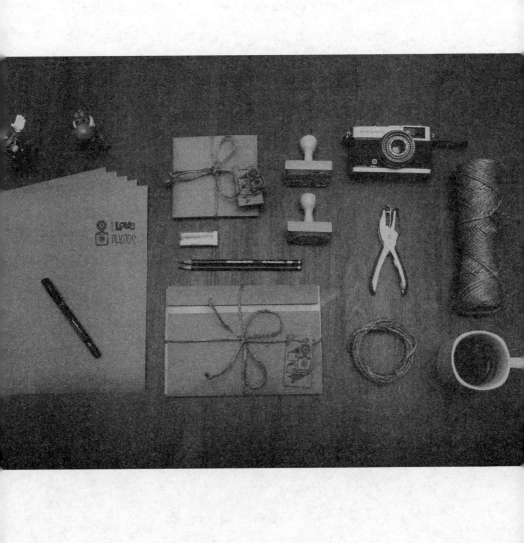

行，明明背不动，还要忍受他的无理取闹。

那一刻，我泪流满面，突然很怀念从前那位干净透亮的小禾，她爽朗的笑声，穿过时光，趴在我的耳边，对我说，她要找到一位真正爱她的人，她要过自由自在的生活。

那一次，我无从得知她的选择，却明白父母的逼婚多半与世俗的眼光有关。在那个选择题面前，我可以想象小禾的难舍难分，内心的挣扎，那个清高的女子最终敌不过残忍的现实。

当一个人的希望被打碎的时候，那种不被人理解的孤独感，也会打败一个人。我很想念从前的小禾，那个勇往直前的姑娘那么有趣，充满力量，且行且往，从不慌张。

我很喜欢一个心理学的故事，讲的是一个精神病人，他以为自己是一朵牵牛花，每天都会拿着一个喇叭坐在角落里，不言不语。

家人拿他没有办法，心理医生也无法治愈。只有一个最了解他的朋友，默默地来到他身边，也拿了一个喇叭，坐在了他的身边。

病人问他：你为什么要坐在我身边？

朋友回答：我和你一样，也是一只牵牛花。

病人笑了笑，和朋友握了握手。两个人蹲了很久，朋友站了起来，在房间里开始走动。

病人不解地说：牵牛花是不可以走动的！

朋友却说：谁说的呢？牵牛花是可以走动的。

病人笑了笑，跟着朋友走了起来。朋友见状，又拿起碗筷，吃起饭来。

病人有些气愤地说：牵牛花不可以吃食物！

朋友却说：谁说的呢？牵牛花一日三餐，每天都吃得很饱。

就这样，在朋友的带领下，虽然这位病人坚持认为自己是一朵牵牛花，但他却可以和正常人一样生活了。

每个人的内心都有孤独的一面，对孤独亦有不同的理解。我们唯一可以做的就是把孤独放在心里，继续前行。走上街头望去，世界上的每个人看起来好像都差不多，但停下来细读，却各有其千疮百孔的另一面。

在孤独的世界里，你是否战胜孤独已成王，还是被孤独打败变成寇，也许都不重要。重要的是，我们是否有知己者陪伴，不管外界多么吵闹，我们依然可以像文先生那般享受内心的孤独——王与寇，风光与伤痛，永远同在，他需要的，只是有一个人在身边。

沈墨之所以永远得不到文先生的心，小禾的父母之所以替女儿选择了幸福，是因为他们不知道，自己心爱的人需要的是，他们可以在角落里蹲下来，安安静静地陪他们做一会儿牵牛花。

唯爱和梦想不能辜负

小时候，我总爱生病，父亲强迫我去跑步。那时，我内心极不情愿。每日清晨，起不来时，父亲总会喊醒我，一定要让我跑起来。

后来，出去读了书，再也没有父亲的约束，我从未跑过步。我变得越来越胖，越胖越懒。我一直想改变自己的模样，改变自己的状态，每次却也言不由衷。

一次，去买衣服时，我发现，即使换了最大号的衣服，我依然无法穿上，自己不免惊慌失措。于是，我来到大学操场的跑道上，每当清晨或傍晚时分，我都会慢慢地跑上几圈。每次搬家，我都会寻找附近有没有体育场或大学。那绿色的草坪、白色的跑道，若有阳光相伴，真像一道最美丽的风景，我愿意把自己交付给跑步这项简简单单的运动。

在那长长的跑道上，也有朋友说，要和我一起奔跑。但是，坚持不了几天，她们就不见了人影。

我依然在奔跑，虽然不再为父亲的期待而跑，却依然在跑步时，想到他，并认为这是他送给我最好的礼物。

认真跑起来，才会发现每天都有不同。

下雨时，泥土格外清香，下雪时，空气格外清爽。最美的时刻，莫过于有月亮的晚上，可以踩着影子，逐步奔跑。

那些吼着一起减肥的友人，还在肥胖中默默叹息，唯有我迅速地瘦身成功。望着镜中的自己，以及身旁的友人，想到一年前，我们身形无异，如今却截然不同，我不由得欣喜若狂。

真想对路上那位一起跑步的伙伴，开心地说一句：嗨！

读过一个很温暖的小故事。

三岁的文文，被诊断为孤独症。可怜的母亲如遭遇雷击，始终不相信，自家孩子小时候看起来和其他孩子无异，怎么可能患上孤独症？

医生的话是对的，文文开始表现异常，她不再说话，只愿意画画。

妈妈满心煎熬，去询医，去诊疗，从未放弃过任何一线希望。一直到了文文九岁那年，她好像把想说的话全部画进了那些画中。长长短短的线条，像孩子孤独又无法表达的梦。

一次，这位妈妈读到了一位诗人临终写下的一句话——我穷尽一生的努力，只不过为了成为普通人，过最普通的生活。

她想到了自己的女儿，不由得笑了。

于是，她打算带着女儿过最与众不同的生活，带她去看话剧、看画展、去摄影，去认识有趣的朋友。她那时发现，普通生活中的细节和琐碎竟然如此迷人。而女儿的画也得到了一位清华美院教授的认可，他直言道，文文是一个天才画家。除此，文文在钢琴琴键上也显出非一般的才华，那些琴键她好像生来就懂，只需听上一遍，她就可以信手弹出。

妈妈以前带孩子出门的时候，总怕受到别人的攻击。如今，她的心态却已改变。普通人不会了解，才会有偏见。每一种生活方式和成长方式都有不同，天才的成长之路更是独树一帜，她何必以愤怒的姿态让自己随波逐流。

我相信，随着文文的成长，她所遇见的人群会是友善、理解和充满善意的，妈妈也因祸得福，跟着女儿认识了一大群有趣的人。

命运所拥有的能量相仿，在一些地方有缺陷，就会在一些地方有特长。当你以为命运摧毁了你的世界，带走了你的尊严、自由时，它却悄然把与众不同的人生带给了你。

大多时候，我不愿相信奇迹这个词语，但此时，我却觉得文文实现的不止是梦想，还拥有了一种被爱的奇迹人生。

隔壁张姨看上去格外年轻，她是我们小区的秧歌队长。未走进小区，便可以听到她爽朗的笑声。自己当时选定这个小区，大多因为受到张姨那笑声的感染吧。

张姨每次见我，都会主动跟我打招呼。我更是对她尊敬有加，每次看到她那张洋溢着幸福的笑脸，都会觉得很感动。我心想，幸福应该是个动词，会感染身边的人。于是，一整天我的脚步也格外轻。

周末那天，张姨邀请我去家里做客。我看到了她和一个女孩的合影。忙问，这是谁？

张姨回答，我女儿。

啊，平日里怎么没见过她来看您呢？

她轻描淡写地说，是啊，她已经去世了。那言辞之间，竟然无忧伤，看来，那痛已结痂，我也不敢再去揭开它。

未想，张姨自己主动说了。她说，女儿一直学跳舞。可惜，命不好，那年出车祸，她就在马路对面，真是永生难忘啊！

以为张姨会嚎啕大哭，她却仰起头，止住了眼泪，走到厨房，继续做饭。再聊天时，之前的话题，并没有影响她，却深深地打动了我。

我想，多年来，她之所以去扭秧歌，去跳舞，多半和女儿未完成的梦想有关。之所以努力地让自己开心，就是为了忘记那段不开心的往事。曾经痛苦过一段时间，才知快乐的珍贵。

再见张姨的时候，我对她除了某种亲切外，还多了一种敬佩之情。那笑声，多年来，一直陪伴我，行向远方。

每一个看似快乐的人，心底里都埋藏着一个故事，不愿倾诉，不轻易悲伤，只因，她们已走过那段灰暗的时光，才懂得，把快乐分享给别人，是多么重要。

只因，走在人生的路上，唯爱和梦想不能辜负。

青春那条非走不可的弯路

朋友喜欢上了一个男生，这次暗恋竟然长达六年的时光。最让人生气的是，她从未让那个男生知道她的心思，所以，她总在刻意地掩饰自己。

一天，当我们问她，会不会期待他知道你喜欢他。

她笑着回答，不会。当她想起那个男生，只是把他当成了一个喜欢的人，她从来没有想过他会出现在自己的未来，并牵起自己的手共度此生。如果再给她一次机会，她还是会义无反顾地去喜欢，去爱。

我们都很好奇，那个男生，是不是知道有人在喜欢他这件事。他的朋友却告诉我们，他一直都不知道，六年后的今天，才有人告诉他，他却挠挠头，不敢相信。当然，她早已不再喜欢他，这也是一个事实。

暗恋就是这样奇妙的感觉，他的一个微笑，他的一句话，都会让你回味久久。但是，一旦你不再喜欢他，一切就都没有了意义。这个世界上不可能所有的故事都完美，也并非只有完美的故事才有意义。

在最美好的青春时代，我们可以放肆地去喜欢，放肆地去爱，不计回报地去付出，这就是青春。也许某一天，你回想起那个自己喜欢过的人，他是你最美好的回忆，虽然你从未出现在他的生活中。但是，你从来没有觉得自己是在虚度光阴。当然，你始终也没有勇气表白，这就是青春。

青儿订婚的时候，大办宴席，她向全世界宣告，自己一定会幸福，也一定要幸福。那年是她的间隔年，她固执地认为，只要遇见了对的人，就一定要在这一年结婚。

遗憾的是，男主角在订婚的时候中途退场，他还是不坚定，不确信，青儿是否就是他一辈子要找的那个人。他们就此散场，我们都来安慰她，其中还有青儿的追求者。我们都劝她，不如从这些追求者中间寻找一个嫁了吧。

青儿却说自己要去旅行，一直说要去西藏，都没有机会，这次真是一个好时机。虽然一旦受伤就去西藏旅行，是时下人们流行的做法，但是，看着眼前的娇娇女青儿，我依然佩服得五体投地。

她说自己要努力去做以前没有做过的事情，要去实现被辜负的梦想。我们谁都不能阻挡她的倔强，都统统给她让路吧。本以为她只是发泄一通，没成想，她真的认真了，那一年，她去了西藏，回来的时候，真的有所不同。她说自己把从前的青春都给了那个辜负她的人，自己之后的青春绝对不能再浪费。

在某一年，你曾拿出所有的真心去对待一个人，最终，你无所依无所获，但你依然可以豪气冲天，这就是青春。

青春，总有一条弯路，总有一些坎坷，青春，总散发着一种正能量，总有一种光芒闪耀。并非每个人的青春都能熠熠生辉，但是，青春会因你的无畏而闪闪发亮。

那年，我的一个大学同学被骗走了学费，她把头埋在被子下面，默默地流泪，哭了很多天。她只好跟班导师说明情况，并请求老师不要告诉自己的家长，她会想办法补上这笔学费的。

那个学期，她一直生活得很辛苦，白天上课，晚上去做家教，去做各种的兼职赚钱。那个学期，她没有休息过一天，也没有抱怨过，最终，她默默地把学费补齐了。交完学费的那天，她用剩余的钱请我们吃了一顿冷锅鱼，一颗黄豆崩坏了她的牙齿，鲜血直流，她却依然笑得很开心。

那一秒，即使很受伤，她却足够坚强地站了起来，那大概就是青春的力量吧。

她折腾了一圈，去交学费的时候，才发现，班导师已经默默地帮她垫付了所有的钱，因为担心伤害她的自尊，没有告诉她。

那一秒，即使很感动，她也只让眼泪打转而未流下，这大概就是青春感恩的方式吧。

最让我佩服的那些人，他们即使跌倒，依然能够站起来，继续奔跑。他们绝不回头，绝不把失望留给身后一直注视着他们的人。

张爱玲曾在《非走不可的弯路》里写道，年轻时，母亲曾苦口婆心地劝她，不要走这条路。她却倔强地想，既然你可以走，为什么我不能走。于是，她踏上了那条弯路，唯独留下母亲的叹息。当她一路颠沛流离，才明白母亲的苦衷，她挣扎着终于走过了那条路，抬头望见一位年轻人，她正在弯路的路口，于是，张爱玲不由得对她喊道：一路小心。

在青春的时光里，任谁也无法阻挡我们前行的步伐。我们肯定会走很多冤枉路，我们肯定会多迈几个弯，也许走了很远很远，才发现自己又回到了终点，但是这又有什么关系呢？

青春就是去尝试，青春就是要奔跑。那些看起来好像是徒劳无功的折腾，那些看起来毫无意义的努力，最后都会给我们答案，这就是青春必须经历的成长。

成长之路，又是何等残忍——

它让你不断地与熟悉的生活、熟悉的人告别，让你去做一些不熟悉的事，去接触从未接触过的领域；让你去冒险，去挑战，去爱一个没有结果的人，去享受一段未知的旅程。

这个过程，恰恰是人生最有趣的时候。

暗恋是成长的过程

当我们还是少女的时候，相信我们都会把目光停留在那些高大帅气的男孩身上。那时，他是学校的篮球王子，他的笑容犹如灿烂的向日葵，他高大的身影落在了每个女孩心中，我们却只能站在篮球场外，孤单地欣赏着他。

这本是一个不该属于她的男孩，他却随着那个跌落在她脚边的篮球，坠入了苏曼17岁的梦里。

在桐华的小说《最美的时光》中，故事就这样开始了。苏曼捡起了宋翊踢到自己脚边的篮球，从此，她把宋翊的那句话"我在清华等你"放在了心里。多年后，宋翊早已不记得自己的承诺，苏曼却把这句话牢记在心，日后每当她备受挫折时，她都会擦干眼泪，继续努力，她要追寻他的步伐，只为了自己有一天能够站在宋翊的面前，告诉他："我是苏曼，我喜欢你！"

十年后，他们都事业有成，苏曼也不再是那个自卑的17岁少女，宋翊也一扫当年的阳光明媚，长成了一个略显阴郁的男人。在他的心中，有一段苏曼不可触摸的感情，而在苏曼去追求自己爱情的同时，她不知道，她的身后也站着一个暗恋她的男人陆励成，亦如她暗恋宋翊那般，忠实地爱着自己……

那本书被我翻看了一遍又一遍，在桐华唯美的文笔中，他们的人生跌宕起伏，那段时光虽然痛苦，却又如此美好，在他们此后的人生中被一遍遍回放。

我们每个人都有那么一段时光，为了一个人完全忘记了自己，从来不会计较自己的付出，甚至不会求得结果。因为我们知道，那段为爱无私付出的时光，就是最美好的时光。

我们在那段爱情中，让自己逐渐变成了那个越来越好的自己，我们甚至会忘记最初自己曾爱过的那个人，孤独过，痛苦过，期待过，失落过，才会明白，最真的感情就在自己的心间。

听于小姐讲她的爱情故事，那个下午显得格外忧伤，还很漫长。

我好像看到那时的于小姐正奔跑在操场上，她一边奔跑，

一边看向前面她的那位男神，她多么希望他可以停下来，回首看自己一眼。

最终，男神跑到了操场的一个角落里，坐了下来，她紧紧地跟在后面，却发现他正和另外一个女孩坐在一起，有说有笑。那一刻，她泪流满面，责问他为什么不等自己。他无辜地摇摇头，说自己根本不认识于小姐，另一个女孩则吃惊地看着她……

于小姐只好默默地跑开了，不再回头。那一刻，她默默地告诉自己，此后的时光，她绝对不再辜负自己。

那一年，当于小姐喜欢那个男孩的时候，她好像有一种神秘的超能力，只需一眼，就可以从人群中发现他的身影，他对此却毫不知情。

于小姐从很早就开始暗恋他。那时，她还在读高中，得知他考上了川大，她努力学习，发誓要考到他所在的城市。在他读大二的时候，她考到了川音。开学之后，她打算一个人默默地去找他，给他一个惊喜。

于是，我们看到了最初的那一幕，于小姐的男神已经有了女朋友，而且，他们正在准备出国留学。他一头雾水地看着于小姐，定睛看了很久，还是没有认出来她是谁。

于小姐只好潇洒地说，自己认错了人，她一边跑一边流泪，之所以如此倔强，就是为了不让他看到她无辜的眼泪。

在年轻的时候，总有一些时光可以被辜负，总有一些眼泪流得如此无辜。当开始暗恋一个人的时候，你的时间和灵魂早被一分为二。那时，我们的一切都可以抛弃，为了见他一面，我们甚至可以跑过三条街，都不觉得累。

这一生，我们总会遇见一个人，让你经历最美好、最孤独的时光，去经历成长中的酸甜苦辣，即使那个人对我们一无所知。

暗恋，就是一个人的剧本，我们只能偷偷地去爱一个人，不能抱有期望，但又满怀期待。只是，你可还记得，在你的世界里，谁曾来过，谁又曾让你辜负了自己？

后来，我把《最美的时光》这本书推荐给了于小姐，她读到第一页就无法继续读下去。她觉得自己和苏曼太像了，总把目光定格在自己喜欢的男人身上，从不会去关注那些爱恋自己的男人，不管他们多么优秀，多么值得去爱。

暗恋也许就是飞蛾扑火吧，尽管最后受伤的只能是自己，她们依旧义无反顾地前往。她们深知，从暗恋那一刻开始，孤独就已经无法选择。

我眼前的于小姐是一位知性、优雅的女人，我本以为她过了这个年纪，再也不会珍惜之前的记忆。她说，因为那段记忆就是她青春最美好的时光。

我抬头看向窗外，星巴克的玻璃上刻着一行小字——谁也不懂你的悲哀，亦如你读不懂别人的孤独。

不管是苏曼、陆励成，还是我眼前的于小姐，一定都是善良的人。在最美好的时光，他们情愿把心结磨成粉末，随风扬起，也不愿打扰那个人的生活。即使内心的孤独生长出美丽的花，他们也只能孤芳自赏，却不会埋怨生活的偏心。

感谢桐华，一口气写了三个结尾。每次读到那篇伤感的结尾时，我总是绕道而行，赶紧翻到令人欣喜的那个结局。

暗恋真是年轻的馈赠，暗恋的时刻虽然倍感孤独，却可以让那段青春的记忆格外不同。

但愿我们此后的生活，再也无隐藏的忧伤，再也不辜负自己，每天有笑容。

孤独是对你最好的惩罚

刚认识阿彪时，觉得他帅气高大，阳光灿烂。因为他总在腼腆地微笑，不时脸红。那谁谁不是说过，容易脸红的男人多半是善良而多情的。

和阿彪相处一段时间，才渐渐发现，他并不像表面上那么乐观，其实他骨子里是悲观的。偶尔，他会一副苦大仇深的模样，好像全世界都欠他。

一次，我们给他介绍了一个女朋友小彩。小彩本是一位漂亮可人的女孩，阿彪却还是要斟酌、斟酌，对她也是不冷不热。

问其原因？

之前他曾喜欢过一个女孩，为她付出很多，那个女孩却跟一个所谓的高富帅走了，从此，这件事情在他的心中有了阴影，他有些不相信爱情，他总说，一定要先让对方爱上自己，自己再去爱她。可是，爱情不是方程式，并不是你打算爱上谁，才会爱上谁，并非你让谁爱上自己，谁就会乖乖投降。

小彩听完阿彪的爱情故事和爱情逻辑，果真被吓跑了，对爱情充满信心的小彩认为，爱情很简单，就是真诚以对。

阿彪这才恍然大悟，自己还是很在意小彩的。那时，他才意识到自己的孤独，当一样东西摆在你面前的时候，你没有珍惜，失去的时候才追悔莫及。这种感觉，阿彪体会得比任何人都深刻。

于是，在他的带领下，我们坐着地铁，手捧鲜花、蜡烛，每个人的头上都顶着红布，这支奇怪的队伍浩浩荡荡，一直来到女孩的楼下。阿彪想用自己的方式感动她，不计后果如何。我们在小彩的楼下等了很久，直到阿彪拨通她的电话，小彩却说她已经离开了北京。

那一刻，阿彪后悔莫及，对自己之前的冷漠痛心疾首。最初，为何不能够给爱情一点信心，一次机会呢？

爱情本身就很自私，它不受任何人所控，孤傲中带着一点盛气凌人。爱情有一种最好的相处方式，那就是诚实以对，当你义无反顾地去爱一个人时，你才会去享受孤独的美好，幸福的味道。

觉得黛儿好像变成了另一个人，具体又说不出她有何不同。

如今的黛儿，总在马不停蹄地工作，有打不完的电话，应酬不完的事情，写不完的工作报告。她没有时间谈情说爱，没有时间逍遥度假，更没有时间享受人生。

大概所有的医药销售代表都是她这副模样吧——最大的痛苦永远是时间不够用。除此之外，明明知道自己所见的客户都是高高在上的人，久而久之，自己似乎也成了那个阶层的人。

每当黛儿应酬结束，拖着疲惫的身体回到自己冷清的房间时，才会一声叹息，感到无限孤独。

终有一天，那孤独会堆积满整座房间，让自己无处可逃。

这两年，她为了这份看似很有前途的工作，丢弃友谊、爱情、亲情，还有那可怜的自尊。当然，她也收获很多，比如金钱、自信，以及看似信誓旦旦的友谊。

当她口若悬河地去推销医疗器械，她面前坐着的客户，永远都比自己有钱、有地位、有权势，她心中总有错觉——误以为自己和客户其实处于同一个地位，在销售法则里，平起平坐是和对方谈判的筹码。

唯有盔甲卸下来，她才会有一种失落，自己永远不是对面

的客户，永远不能和他们势力均衡。

很想念黛儿，怀念她没有做医药代表时，虽然工资不高，肯定也没有现在压力大；虽然没有此时的光鲜靓丽，却比现在更为可爱；虽然没有现在对另一半的要求那么高，至少有男生喜欢。

不知是她的孤独打败了自己，还是她的眼光抬高了自己的世界。她始终与最初的意愿相背离，而且越走越远。

假如这是她喜欢的人生，祝福她在茫茫人海中，寻觅到一个位置；假如这是她热爱的工作，期待她不会在夜深人静时，倍感孤独。

那位八十多岁的邻家老太格外凶狠。有一只小猫跑过她腿边，她都会狠狠地踢上一脚。可怜的流浪猫惨叫一声，迅速跑开，老太就会幸灾乐祸地笑起来。那笑声，难免有些残忍。

最初，我以为这不过是邻家老太寻乐子的方式。

后来，我才发现，她不仅对动物如此，对身边的亲人也是冷漠至极。所以，老年时光的她，分外孤独。一个人坐在阳光下晒太阳，她总喜欢仰望天空，眯着眼睛，露出一嘴无牙的牙龈。她喜欢与其他老人隔开一段距离来坐，怕自己的好运会被他人顺走。

邻家老太表面强势，内心早已脆弱不堪。其他老太从我们身边经过，总能听到热情的招呼声，唯有她，身边从未响起任何一句问候。其他的老太总有亲人来照顾，唯独她日日夜夜孑然一身。

　　一日，我意外地看到邻家老太楼下停了车，而且从车上走下一对年轻人。说想要带老太离开，她却拼命地吼起来，都别打我房产的主意，你们这些贪心的人。

　　年轻的女人被激怒，只好不屑地说，即使不争不抢，早晚也得属于她。

　　邻家老太恶狠狠地盯着她，嘴边咬出两个字——未必。

　　人之将死其言也善，邻家老太直至死亡，想保护的不过是那份财产，却从未想过，人心才是最难得的礼物。

　　后来，邻家老太病死家中，却也无人问津。真的觉得她很可怜，但看到她的遗嘱，却又莫名伤感。瞬间，她的形象也高大起来。只因她把所有的房产捐给了养老院。

　　真实的生活永远差强人意，谁也猜不到结局。

　　此刻，索性让孤独的思念惩罚我吧，谁让我一直未猜透她内心那抹久违的善良呢！

为了窗外的世界，做越来越好的自己

上幼儿园的时候，老师必须得把乔伊的位子安排在窗口处，如果她看不到窗外的世界，就会哇哇大哭。这个习惯，乔伊一直保持到了上大学。

每一次排位，她都会找到老师，坦诚地说出自己的这个癖好，并请求老师理解她。每次坐火车出去玩，如果不坐在窗前，她一定会和身边的人换位置。窗外对她来说，就是美丽的世界——窗外有风、有树、有云朵，那个一直变幻的世界，是她所钟爱的。

遗憾的是，窗外的世界，不止是她一个人钟爱。

乔伊工作了，她的工位却不在窗边。于是，她立刻跑到主管面前，诚恳地说出了自己的请求，年轻的主管很开明，说只要窗边的那个人愿意跟你换，我也OK。

窗边的同事其实是要走的老同事，她的实力在公司不容小觑，就连老板也要让她三分。听完乔伊的要求，那位老同事拒绝了她，理由是她也爱窗外的世界，还有一个理由是即使她离开了，乔伊可以代替她的位置吗？

这是乔伊第一次遭到拒绝，她难过得无法自抑。她默默地坐在了自己的工位上。是的，不是所有人都得为她的喜好让路。她之前的二十年，一直有人愿意为她调整自己的位置，是因为大家都宠爱她。

可是，并不能因为你爱一个人，一个位置，一本书，一件衣服，你就必须立刻拥有它。特别是当它已经为他人所拥有时，你更是需要拥有三头六臂的能力，而且，你的能力得和它之前的主人实力相当，你才配得上拥有它。

不然呢？

你只能默默地坐在角落里。看着别人或放肆地使用，或无尽地挥洒。

两年后，当乔伊的工位终于被挪到了窗户旁边，看着窗外多彩的世界，流动的风景，她由衷地感谢那位已经离开的老同事，是她的拒绝让她学会了成长。

闺蜜聚会时，都会把菜单递到蜜蜜手里，只因她吃不惯别人点的菜。大家都是朋友，生怕她受委屈，所以，不如迁就她，让她来点菜。

蜜蜜一定是被身边的人宠坏了的那种孩子，每次，她都会心安理得地拿来菜单，点几样最爱的菜。朋友们自然而然地会选择让着她，大家聚在一起就是为了开心。久而久之，宠爱蜜蜜，好像成为了她们的习惯。

一日，蜜蜜打电话对朋友们吐槽——她去相亲的时候，竟然被一个男人大骂一顿。大家不由得大为震惊，天哪！这是何方妖孽，竟骂我们家蜜蜜没有素养。

原来，蜜蜜和他第一次约会，自顾自地拿起菜单，点了一桌子自己喜欢的菜，蜜蜜是无辣不欢，却没有问对方喜欢吃什么。那位男主对辣椒过敏，于是，蜜蜜吃得很嗨，全然没有注意到对面的男人早已不爽到极点。

事实上，那个男人真的是蜜蜜一见倾心的人，前面的聊天都很"合家欢"，唯独到了后来，蜜蜜点菜的环节让他的心跌落到谷底……

除此，蜜蜜在电话中大声吼道，她虽要感谢友人们对她的善意与迁就，但也发出了声明，就是我们这些人害得她失去了一位好男人。

此后，我们再聚，蜜蜜一脸真诚地把菜单推到我们手边，选吧，妖精们，都是你们惯坏了我，这次，我给你们一次机会，珍惜吧！

这个傻丫头！终有所悟，善意就隐藏在迁就中，尊重就在一次次把选择的机会让给别人的过程里。

成长路上，并非全世界的人都会为你让路。当你学着为他人让路，去做那个谦让的角色时，终会懂得，这些年你得到的照顾，远远大于自己的想象。

曾坐上轮船，陪同小妹去见她的男友。看得出，小妹格外喜欢他，为他做了很多手工礼物，此次前来，也没有告诉他，想给他一个意外的惊喜。她述说他的每一个表情，无不洋溢着幸福；她设想的未来，有一座房子，一扇面朝大海的窗。

那是我们第一次坐船，如此近距离地欣赏大海。突然发现一切都是那么辽阔，心胸顿时开朗起来。

到了目的地，小妹被分手，竟也没有太悲伤。跑到甲板上，她冲着大海猛吼了几声，回来时，突然告诉我，她想恋爱了。幸好她没有为那段爱情太伤神，我本以为她会"大闹天宫"。大概是海的无垠，顿时让她开朗了许多吧。

看到小妹快速恢复，我想，如有一日，我失恋，也要跑到海边，大吼几声，说不定也会好起来。

小妹去了新加坡，多年未回家。再回来时，恍惚间，已觉得不像之前的模样，唯有那双清澈的眼睛，还像小时那般动人。

　　那年，参加小妹的婚礼，她嫁到了青岛，房子的一扇窗就面朝大海。我笑言，上面再摆上一些花，你过的就是海子梦寐以求的生活啊！

　　此时的小妹，已不同于早年间的单纯、梦幻，举手投足之间，尽是成熟的女人味。离开时，小妹侧耳告知，那年她失恋时，曾默默许下心愿，在青岛买一座面朝大海的房子，一想到这，她一点也不难过了。

　　哈哈，哈哈。我们大笑起来。

　　回去，路上，一直在想小妹说的那句话，与其寒酸地爱着一个人，不如富有地爱着自己。这是她第一次坐轮船悟出的道理，却是我今日依然看不透的故事。

长大之后，有点自控力的人才可爱

上大学的时候，我们特别喜欢吃肉，吃各种大炖菜，吃自助餐，每次同学聚会，自助烤肉算得上是我们的最爱。请朋友吃饭，如果不去吃自助餐，大家都会觉得不热闹、没尽兴。

自助餐可以一边聊一边吃，还可以无限制地续杯，吃完了再休息一会，松松腰带，走上两圈，继续吃。所以，吃自助餐，一定要带上几位实力雄厚的男同学，这样才更有趣，这顿饭才会显得更"值"。

除了自助餐，我们还喜欢自己做饭，一起跑到租了房子的同学家里，买上各种肉、蔬菜、水果，去做火锅。我们每个人都会吃到不能动，才觉得这次终于对得起自己的胃了。

当然，那时我们也很爱美，每天早晨一睁眼就后悔——昨天又吃撑了，脸都肿了，胃却在咕咕响，中午的时候，又是

一顿饱餐，晚上的时候不聚会，这一天好像就白过了，真的没治了！

　　毕业的时候，我依然是个胖子，实在羡慕那些只吃不胖的人，实在不能理解饥饿减肥法。虽然每天都在大喊要减肥，内心却早已默默地接受了自己是个胖子的现实。

　　直到工作后，每天压力很大，我竟然默默地瘦了下来。我发现，只要吃得很饱后去工作，不是闹困，就是集中不起精神。所以，我慢慢地享受"微饿"，慢慢地感受自己的身体轻盈下来的喜悦。

　　饿一点，挺好的，可以让头脑保持清醒。每天，我的心思不再为吃什么而发愁。在我开始克制自己的胃口时，我也克制了自己的欲望，克制了自己的缺点，我的身心每天都是崭新的大陆，我很享受这种感觉。再看大学的照片，还有美食心得，我都会乐得站不住，原来，之前我是那么"贪得无厌"的姑娘。

　　开始学着去控制自己的时候，你已经胜利了一半，开始懂得如何控制自己的时候，我们几乎明白了一个道理——稍微克制一点地去生活，其实比贪得无厌来得更为美妙。

　　每一个胖女人几乎一样不堪，每一个瘦子才会美得各有千秋。

当你想要克制自己的胃口时，你才会珍惜自己的所得、时间和身体，这是你从前所不曾有过的体会。拿起碗筷，仔细地品味每一口食物的味道，细嚼慢咽，才会分辨出每一种味道的不同，即使是甜味，也会甜得千差万别。有奶油的香甜，酥果的脆甜，水果的清甜，巧克力的苦甜，自此，你便能品尝到人生各种味道、程度不一的甜。

　　我特别不喜欢明晨那句口头禅"那又如何"。朋友却说，那正是明晨乐观、豁达的表现。瞧一眼明晨，好像挺大方的，至少从外表来看，他是一个满不在乎的人，不在乎自己的金钱、时间、爱情、事业。

　　真正的豁达是什么呢？真正的豁达一定与自己的控制力有关，在关键时刻，他不会乱发火，他不会觉得一切都理所当然，他会珍惜自己的所有。

　　明晨不会，每次遇见了困难，他会说"那又如何"；每次他做错了事，需要承认错误的时候，他也会说"那又如何"；当然，明晨每次买单的时候也很积极，朋友们说客气地说，真不好意思，每次都是你买单，他也会豪爽地来上一句"那又如何"。

　　那又如何，几乎控制了他的生活。这句话更像是不屑一顾的一句话，不把一切放在眼中，不把一切放在心上，语气中有一种自豪、得意，洒脱间却又流露出一种无奈和慌张。

直到他深爱的女友离开他，朋友们聚在他的身边，他依然一副不屑一顾的样子。本想借酒消愁，却被酒淹没了全部的伪装，他忍不住大哭起来，断断续续地说："那又如何，离开就离开吧！"

我们明白，明晨还是在乎的，既然在乎又为何装作毫不在乎；既然深爱，为何不控制自己的脾气，对她好一些；既然喜欢，那为何不好好奋斗，给她一个更好的未来。

我们每个人都害怕失去拥有的东西，更害怕在乎的东西会悄然离去，有一些事情并不是一句"那又如何"就能安慰的，有一些潇洒不是"那又如何"，而是"我在乎，我可以控制自己！"

小琪走过了八年的爱情长跑，终于要结婚了。她喜极而泣，她的丈夫在一旁为她擦泪，那场景多么温馨，让人热泪盈眶。八年来，小琪走过了太多悲痛，很多时候，她都决定要放弃了，但内心始终割舍不下这段爱情。

当小琪的丈夫还是男友的时候，他曾经是一个浪子，他对她说，我爱你，但是，我也可以爱上其他的人，我最爱的仍然是你，这一点请你相信我。

那时，他实在不懂自己在感情上要克制，工作场合中也会遇见很多优质美女，几乎个个都令他怦然心动。当他被无情地伤害后，他才明白，小琪对自己的谅解、等待、接纳是多么可贵。

他自此醒悟，不再招惹是非，而他和小琪的这段爱情也终于修成正果。据说，从此以后，他一直表现良好，再也没有犯过错。

这段"浪子回头金不换"的故事自然很动人，遗憾的是，并非所有的浪子都可以回头，某些人反而会越玩越野，野到甚至忘记了家的模样。

总有一天，我们都会懂，幸福的指数，就是我们可以控制自己的能量，越是能够更好地控制自己，就越能获得无尽的幸福感。

所有的故事都将落幕，所有的人生都将归零。在回首往事时，我们唯一祈祷的便是自己不会后悔。不管怎样，我们定然会感谢那些年，我们曾走过漫长的孤独，寻找到了支撑自己的能量。而那些不能自控的人，终究会被孤独淹没，永远找不到幸福的入口。

沿着梦想的指引，踏着现实的路，去看最好的风景

　　高中时，林迪成绩优异，家人把他送到了英国读书。

　　当我们这些孩子还在享受一个星期回家一次的待遇，远在英国的林迪只能一年回来一次。有时，为了节省路费，赚取学费，即使放假，他也不会回家，而是一边读书，一边打工。

　　多年来，我一直从心底里敬佩他——在异国他乡，林迪孤独地奋斗，在飞机场的登机口，他总是头也不回。我们知道，他早已满脸泪水，但他不愿让父母看到自己的脆弱。林迪每次寄来的成绩单上，总是A或A+，所以，林迪一直是他父母的骄傲，同时也是我们的榜样。

　　未曾想，多年后，大学毕业的林迪竟然回国了。我们都惊诧不已，林迪毕竟不是"海带"。他却有自己的理由——国内

的发展环境更好，没必要在国外死磕。

当他说这句话时，我突然觉得他眉宇间已是坚毅男人的味道。他已不再是青春年少的那个男孩，一边流泪一边假装坚强。

自从林迪回国，他的父母总在叹息。在他们心中，自己的孩子一定是留在英国，然后定居国外，怎么可能半途而废呢？当梦想照进现实，林迪绕了一个圈又回来了。他依然优秀，只是他不去解释，旁人也需要时间才能懂他的理由。

有一段时间，林迪搬到了离家很远的地方，开始创业。林迪终获成功时，父母的眉头才舒展开来。小区内依然悬挂着那道红色的横幅，从最初的"庆贺林迪出国读书"，到现在的"欢迎林迪捐赠绿植"，这其中的艰辛，有谁可知？

在巨大的压力下，只有内心强大的人才能站稳。他不愿让别人嘲讽他的眼泪，不愿让别人读懂他的艰辛，他只愿与人分享梦想的力量，却不愿让人看见他在现实中的慌张。

那次访谈节目中，主持人在采访林迪，谈到他对成功有何感想时，林迪淡然一笑，说人现实一点，挺好的。自己能够成功，是因为运气实在太好了。

一句运气太好，当然不能解释他的成功，这背后的孤独挣扎，艰辛努力，也许只有他一个人才能回味，每当夜深人静时，每当孤寂一人时，我相信林迪依然在为那句"运气太好了"而努力。

我和米九刚认识的时候，他正在准备考北京电影学院的研究生，而且还是表演系。当时，我很惊诧，米九看起来不高也不帅，而且，他本科攻读的也并非艺术表演这个专业。

果不其然，米九在报名那一关就被刷了下来，因这个专业要求本科必须是艺术表演。我看到米九一个人沮丧地坐在北京电影学院的小金字塔前，久久不能平静。本以为他已经死心了，没想到迷恋表演艺术的他，毅然选择了去做群众演员。

每次，看到他从小小的地下室钻出来，在北影厂门前和一大群人站在一起，只为了等待一个小小的角色。我就难免惋惜，也许从事自己专业的工作，会更适合他吧。

之后，我多年没再见米九。再次遇见他，依然是在北京电影学院的小剧场，此时的他西装革履，俨然一副成功者的模样。问起他，他说自己当了一年多的群众演员，他问了很多专业人士，大家都说他不适合走演艺这条路。于是，他接受了这个残酷的现实，转而去找了一份自己本专业的工作。

由于之前在梦想的道路上深受打击，米九自然珍惜自己在本专业领域所走的每一步，他踏踏实实，一步步地走来，走到今日，已有所成就。

回首往事，他感慨不已，幸好自己可以及时回头。不然，直至今日，自己也许依然站在北影厂前面，等待一个无名角色，是一个碌碌无为的群众演员。

有时，梦想就是这样神圣——它可以赋予你力量，可以给予你前所未有的勇气，却无法告诉你对和错。唯有现实是一双明辨是非的眼睛，你只有承受了从梦想的高处跌落的痛苦，现实才会把最适合你的东西，送到你身边。

走在梦想的路上，我们是孤独的旅者；当梦想照进现实，我们是孤独的清醒者。也许，这才是梦想与现实最好的黄金比例吧。

曾读过朱德庸的一篇文章，他在文中回忆了少年时。

从很小的时候，他就不爱读书，为了考上大学，他闭门苦读几个月，竟也奇迹般地考上了大学。后来，他拥有了一份看起来还不错的工作，他却因不喜欢而辞掉了。当时，他只想做插画家，虽然人们并不认可这个行业。

后来，他花了几年时间去世界各地旅行。每到一个地方，他最喜欢坐着地铁到处跑来跑去。有时，他会在一座城市里从早到晚地走路，看各种各样的人，听各种传奇的故事。

世界就是如此荒谬，生活却又如此有趣，每一天都不会重复。当他读了那本《美丽新世界》，当他结婚了，有了孩子，他才明白，在人生面前，自己始终是一个旁观者，生活也只容许他做一个旁观者。你可以做梦，但一定要记得在适宜的时间醒来。不然，你也许连最基本的生活都无法保证。

人生就是一个简单的墨菲定律，在你需要梦想的时候，现实很残忍；在你需要现实支撑的时候，梦想早已破碎。梦想和现实永远在搏斗，而且，永无宁日。

人生就像一场拼图游戏，每一块风景都有不同，我们唯一可以做的，就是不怕麻烦，沿着梦想的指引，踏着现实的路，一点点将它拼接起来。最后，我们才可以看到整幅风景，那时的好光景，定然会感动你，以及你的人生。

road · clear

只要在路上，就能到达远方

不要随意打扰别人的幸福

朋友买了一件衣服，仿名牌。朋友穿上，总显得神采奕奕。她很喜欢那件衣服，总是穿着它去各种聚会。

一次聚会，朋友中途去洗手间，另外一位朋友对我们说，她那件衣服其实是仿名牌的，她肯定买不起正品，但她穿着蛮好看的。

我不禁疑惑，何必要揭穿那个正享受其中的女孩呢？

这里的女孩们早已心知肚明，这里的男人们对名牌一无所知。整个饭局一时有些尴尬，大家都有些不知所措，但在心中，我们都有些怨恨这个说实话的女孩。虽然她大大咧咧，看上去很可爱，但在此时，她却显得有些可恶。

等朋友回来，她当然不知道就在她离开的这一会，所发生的故事。所以，她依然笑得很开心。其中，一个男同事已经醉醺醺了，他对她说道，假如她愿意做他的女朋友，他肯定会给她买一件正品。

朋友顿时惊慌失措，有种被人扒光衣服的尴尬。她依然满脸笑容地说，没事，我就喜欢仿品，价格便宜，而且，正品的价格可以买很多件呢！对了，她还跟大家一起分享了北京哪里卖仿品卖得更像正品，和周围的女孩们约好了，下次一起去那里看看货。

就这样，朋友轻松地打破了彼时的尴尬，我不仅为她暗自捏了一把汗。聪明的女孩总是这样从容不迫、机灵可爱，若是换成我，也许会勃然大怒，也许会偷偷溜走，再也不想见这饭局上的朋友。想到这里，我不禁为她暗自鼓掌。

再去回想那位揭穿朋友伤疤的女孩，我突然觉得她是如此残忍，何必去揭穿别人幸福的隐私呢？既然别人享受其中，又为何非要打开帘幕，让她曝晒在阳光之下呢！

每个人都有不想告知别人的秘密，每个人都有不想让世人皆知的心事。我甚至觉得，不管是私底下的揭秘，还是正面的抨击，都是对别人的不尊敬。

所以，还是为彼此留一段值得珍藏的友谊，为别人的生活留一些私密空间吧！

一次，我带着母亲去她的老部队旅行，我们商量了一下，觉得还是乘坐卧铺更为方便。于是，我们定下了后天的票，就这样愉快地决定了这次旅行。因为那是和母亲的第一次旅行，我显得格外开心。

第二天，当我们把这个消息告诉亲戚的时候，一个亲戚突然鄙夷地说，你为什么不坐飞机去呢？假如我要带母亲去旅行，一定要乘坐飞机，坐火车多累啊！

虽然母亲解释了自己不坐飞机的原因，她说自己想乘坐火车欣赏张掖的丹霞地貌，自己年纪大了，对飞机有些恐惧。亲戚显然没有继续听她在说什么，她早已自顾自地玩起手机来。母亲明显有些失落，本来计划好的旅行，好像也没有期待中那么开心。

路上，母亲突然问我，假如她想坐飞机去旅行，我会同意吗？

我义不容辞地点点头，说我们回去的时候，就坐飞机吧！

母亲这才满意地笑了，其实，我不太喜欢这样的试探，毕竟知母莫如女。

有时，我们总喜欢用自己的思维去定义别人的生活，用自己的生活逻辑来定义别人应该去做什么，或者不应该去做什么。

幸福也是一种隐私，在你的眼中，觉得别人是在受苦受难的生活，在别人心中，或许正是生活必须的体验。

因喜欢写字，我所找的工作几乎都与文字相关，而后，有一段时间我辞职了，在家里写一本书，我特别看重那本书，于是写得格外用心。为了写好它，我甚至有半个多月没有出过门。

一天，接到了一个亲戚的电话，她请我去她家里做客。盛情难却，我只能硬着头皮前往，没想到，她还邀请了其他的亲戚。总之，那天的聚会很热闹，再加上有两个孩子，一边嬉笑一边闹，把亲戚家里弄得很乱。

当大家坐在一起聊天的时候，她们问起我的工作，我的收入，我突然有些狼狈不堪。是如实告诉她们，我已经没了工作，收入不高，还是告诉她们我没有男朋友，更别谈结婚了呢。

我刚刚坦白，做一个文字工作者，就要独善其身。她们立刻恍然大悟，纷纷说起了自己远在国外工作的孩子和亲戚，还有在外企上班的朋友，一时间，我突然觉得自己的人生很失败。

然后，她们又关心起我的年龄，我的爱情。亲戚突然郑重其事地说，要早点结婚、生孩子，而且一定要生男孩。那一刻，我几乎窒息，觉得自己的人生无望，一种孤独无助的感觉袭上心头，我投降了！

我突然觉得这个世界上，最有内涵，对人生感悟最深的人一定是她们，而自己就是一个彻头彻尾的失败者，我要面壁思过。

离开亲戚的家，回到自己小屋的过程中，我看到秋天的天空湛蓝得如同一汪秋水，我的心情莫名开朗起来。那天，我接到了被单位聘用的电话，我还接到了书籍将要出版的通知……

我开心得大叫起来，把司机吓了一跳。

去她的人生经验，去她的幸福秘诀，去她的假惺惺的关心，我只需要守护自己的梦想就够了。

所以，还是不要轻易去否定别人的生活，不要随便打扰别人的幸福。因为，有一种幸福，它并非如表面显现的那样荣华富贵，甚至也无关名誉地位，它更像是一种心灵的默契，以及相同的价值观。

只要心在远方，即刻就能远行

　　看过一个感人的短片《梦骑士》——五位八十几岁的老人，无不身患重病，在生命的最后时刻，他们结伴而行，骑着摩托车围绕台湾进行了一次环岛旅行。

　　看看他们年轻时的照片，那时的模样青春洋溢，血气方刚，如今，一个班仅剩下五位垂垂老矣的病人。他们一旦下定决心去远行，心中顿时燃起了希望的火焰，一起走过的几十年时光，显得苍白无力，似乎只有未到达的远方，才是生命的尽头。

　　短片的每一幕都是如此动人——年轻时，他们在海边的笑脸，他们曾一起许愿，年老时，他们拿着妻子的遗照，念着朋友的遗愿，他们的身后就是五辆古老的摩托车，他们拒绝了医生的建议，丢掉了药瓶，骑着摩托车，穿过茫茫黑暗，走向环岛旅行……

漫长而孤独的一生，原来只需短短的几分钟就可以讲完，原本以为最重要的时间段，以及那些无法忘记的事情，都没有出现在人生的短片中，唯有他们化为梦骑士的片段，才是最为动人的时刻。

当我们老了，是安安静静地坐在家里等待死亡，还是逐梦而起，死在路上。即使老去，我们也要扬梦而起，这一群可敬可爱的梦骑士给了我们答案。

从未想过，当我垂垂老矣的时候，人生会出现怎样的转折。

时常觉得生命最好定格在自己依然健康的时候，不然，颠沛流离一生之后，怎么还能拥有力气去折腾？

尤其年老力衰之时，孤独更深刻。不是世界遗忘了你，就是你不愿踏入与自己格格不入的世界。即使生命愿意在前半生厚待你，走到最后时刻，任何人也不可避免地会被寂寥缠身，这才是人生的悲哀。

曾被一个法国电影感动过，年迈的老人每天都会来到医院，去看望自己的妻子——那位白发苍苍的女人因年老力衰，早已失忆。

清晨，当第一束阳光洒照在医院的公园里。她就坐在阳光下，和同伴一起欣赏天空的云朵，这是她病后最喜欢做的事。

老人步入花园中，来到她的身边，安静地看着她，和她聊天。他像一个陌生人一样，希望重新认识妻子，并和她做朋友。

无奈，她一直拒绝他。她告诉他，她在等待一个人，他说过要和她一起去荷兰生活。每每至此，老人都会泪流满面，因为这正是他对妻子的承诺，无奈，他一生都在忙碌，甚至没有带她去荷兰旅游过。

医生劝老人不要再来，因为他的妻子早已不记得任何人。老人却很执着，他依然坚持来看望她。直到一天，妻子终于能够回忆起往事，她泪流满面地告诉他，她等的人就是他，遗憾的是，他们却没有时间去实现了。老人安慰她，不要担心，不要担心，我们明天就出发。说完这句话，他却因为过于激动而死亡……

如果所有的遗憾和悔恨，都可以在五十年后重新拾起勇气，他愿意为她去尝试，去圆梦，去实现，人生似乎也自此无憾，命运也可以得到圆满的宽宥。那么，即使我们老去，也终将变得没有那么可怕，因为我们并没有变成那位面目可憎、不再抱有任何希望的老人。

年轻时，我们总会相约去远方，去体验另一种生活。现实的生活却淹没了我们的梦想，让我们把约定一推再推，直到我们没有能力去实现的时候，年轻时的那个约定才显得格外可贵。

年轻时，美丽的爱情像是一袭华美的衣裳，直到我们衰老到无法走动时，才能感受到真正的爱情就是互相陪伴，直至终老。

假如我们没有在选择面前一再退让，找不同的理由去安慰退让的自己，假如我们再勇敢一些，会不会就有不一样的人生？

一切要趁好时光，那些错过的愿望，那些没有实现的约定，那些没有说出口的爱，也许都会有不同的结果。

那年夏天，一群有自闭症的老人，他们有的自杀未遂，有的被宣判了死刑，有的被家人放弃。他们被可怕的自闭症纠缠，生活早已没有任何光芒。如果一味地等待下去，生活很可能会把他们吞噬。这群老人商量了一番，打算一起上路。他们想把年轻时曾去过的地方走一遍，他们无畏的精神和执着，感动了无数中国人。那老去的梦，依然熠熠生辉，让人敬仰。

当我们老了，健康、安然地度过余生就可以了吗？含饴弄孙，带着药瓶频繁地进出医院，这样的生活，真的是那些老人所需要的吗？随着年岁的增长，他们的心灵却日益荒芜。

想到老去的那一天，我都会很恐惧。

我年轻时被耽误的梦想，我那未燃的爱情，在年老时会有怎样的模样。总有一天，我会得到那个答案，我将怀抱这个答案沉沉睡去，还是义无反顾地走上去实现它的旅程？

世界上最残忍的事情是，我们自以为拥有很多时间，事实上，等真正需要时间去做的时候，才发现自己早已垂垂老矣。

每次走上街头，看到一些老人在广场上跳舞，徒步旅行或自驾游时，我都会在心中为他们鼓掌。那些老人带着光和热，全身心地投入到他们的生活中，这就是对人生最好的礼赞。

去实现我们的梦想吧，只要我们迈步，永远都不会迟，去做那些我们力所能及的约定吧，只要我们努力，未来终有不同。

总有一天，你将老去，我将老矣，在死亡面前，人人平等。

唯一不平等的是，不管你尚且年轻，还是年迈至老，你曾为梦想，曾为人生，曾为爱情散发过光芒和热量，这便是珍爱生活的最佳方式。

问君何能尔？心远地自偏

友人纯贞是一枚贺卡文案，她的工作听起来超酷，那就是，每天阅读大量的诗文，并从中找到最美丽的句子，或是创作优美的文案，为设计师服务。

为此，我曾羡慕良久。在我的想象中，以为她的身边定然常年萦绕着咖啡的清香，她孤傲、优雅，颇得老板赏识，帅得掉渣的设计师也倾慕于她。

纯贞听完我的假想，不由得哈哈大笑。

她说老板，其实是一个多疑的心理学女博士，每天都在猜测别人的心思，寻找别人的不足。女老板有洁癖，自然对下属要求也是极高的。身边的人对她稍有不逊，她便勃然大怒，立刻开掉这个员工。

原来，那竟然是一个暴脾气且霸道的老板！

纯贞不以为然，在她的心中，世界就是对立存在的，接受了一份浪漫的工作，就要接受它背后那位恶势力的老板，接受了高薪的待遇，就要接受无尽的孤独。每一份工作都是如此公平，它从不遂人意，也没有特别钟爱任何人。

　　纯贞的同事走了一批又一批，公司的老人仅剩几个。慢慢地，暴脾气的老板反而被慢吞吞的纯贞给制伏了，她似乎也有所收敛，如今，她很怕纯贞会突然递交辞呈。

　　我们都说，这次该你站在上游了，老板都归顺在你的旗下了。

　　纯贞却说，有时，站在了更高的地方，看得更远，才会发现自己之前的不足，和现在肩负的责任。之前，总是认为老板很刻薄，百般努力始终不能让她满意。如今却要感谢她，没有她，就没有如此豁达的自己，她现在觉得，女人有点洁癖挺好的。有时，领悟就是这样措手不及，让我们很伤感。

　　一直想休学辞职去远行，每天都想跳槽、加薪，却始终没有明白，换工作并不能带来真正的改变。

　　唯有心远地自偏，唯有改变心境，才能改变自己，唯有改变角度，才能完善自我。

　　纯贞上班很忙，每日朝九晚五，乘坐一个多小时的地铁才能赶回家中。在路上，不管地铁多么拥挤，她都会费力地挤上去，装作若无其事地去观察身边的人。世界那么大，地铁那么挤，她却像是一个局外人，孤独地看着芸芸众生。来到家中，来不及休息一会，纯贞会立刻打开电脑开始写作。

白天的工作结束了，她的梦想开始了。因为她还有另外一个身份——网络小说家。每次写到深夜人静，星星眨眼，她还不舍得睡去，她说小说中有她的另一个世界，在那里，她虽孤独，心境却安静而美好。我真的很喜欢这样的女孩，独立而超然，宛如一棵树的姿态，把根伸向大地深处，枝叶繁茂，却不会因风动而困。

纯贞说，最初她写作的时候，只是一种兴趣使然。无奈，她很焦虑、急躁，那时候，她写了很多废文，写了无数个开头，却没有一篇可以坚持下去。一次，她收到了一个网站编辑的留言，想签约她那篇仅有万字的文。

这只是一个简单而随意的邀请，纯贞却很兴奋，她把这次签约当成了专业人士对自己梦想的礼赞。最终，她写完了那个故事，整个坚持的过程很辛苦，交完稿后，每日更新的过程中，她依然惴惴不安。这个故事仅是她所有故事的开始，从此一发不可收拾，她每天都会写上五千字，不然，她会觉得这一天的时间都被浪费了……

纯贞文章越写越多，名气越来越大，认识她的人，都以为她会辞掉工作，专心致志地写小说。纯贞却拒绝了大家的建议，她依然会坐一个多小时的地铁去上班。她说，最好的人生就在地铁上，每个人都各怀心事、各有目的地挤了上来，途中，不断有人上来，下来，他们的脸上写满了他们的人生故事，而这就是她写作的素材。

　　每次看到身边有人离开这座城市，纯贞都觉得很惋惜，她总说，年轻的时候，我们还是在路上吧，何必要去寻找安逸的窝，这个城市虽有不尽人意处，却能让你每日成长。其中的感慨，极力想离开的人自然不懂，留下来的人自然不用解释。

　　从少年时代，我们就在读陶渊明的那首《饮酒》，从那时起，我们就在期待归隐，隐居在山林中修行，似乎才是最潇洒的生活。

　　纯贞的努力，她的梦想，却更像是大隐隐于市的一种修行。在闹市中，那些依然可以安静下来的人，也许才是真正达到了"结庐在人境，而无车马喧"的境界吧。

　　曾读过这样的一个故事，一个虔诚的佛教徒，她每天都会采撷鲜花送到寺院中，一日，她偶然遇见了一位禅师，禅师夸赞她定会受到福报。

这位虔诚的佛教徒说,她每日来拜佛时,都会觉得心地纯洁。一旦回到家里,她却会乱了心神,不知所措。

禅师问,如何让一朵花保持新鲜呢?

她答道,每日为它换水,剪去花梗。

禅师说,鲜花和我们的心灵无异,要想保持心境的纯净,唯有每日净化,每日三思,不停地忏悔、改过,才能吸收到大自然的精髓。

这位虔诚的佛教徒拜谢完,欢喜地承诺道,她会来寺院过一段禅者的生活,感受晨钟暮鼓,倾听菩提梵唱。

禅师说,我们的呼吸就是安静的梵唱,我们的脉搏跳动就是钟鼓声响,我们的两耳就是尊贵的菩提。人生无处不是宁静,生活无处不是寺院。

虔诚的佛教徒这才恍然大悟,她的生活就是最真实的寺院和修道处。

孤独就是这样有趣的朋友,它可以让人真实地领悟,真诚地忏悔,让我们心境美好而安静,让我们独善其身,让我们心远地自偏。

孤独就是这样生动的朋友,它给予我们安静、超然、从容,它改变了我们的生活,让我们独享到人生的"悠然见南山"。

最初的梦想，坚持就会到达

一直记得那场电影《最初的梦想》。

男主角在北京毕业后，回到了成都，他很快发现自己的梦想和工作有着天壤之别。那时，他极力地想摆脱现实的困境，让自己重回到那个可以实现梦想的城市。

面对强势的母亲，他只能选择退让和妥协，有一段时间，他时常把自己关在一座房间里，模仿鸟人的姿态去飞翔。久而久之，他与成都逐渐融为一体，他明白自己只能在生活的宽度中调整自己，而不是凭一己之力去改变生活本来的模样。

在他游刃有余、恰如其分地生活时，自由和梦想早已离他而去。他坦言，自己早已不需要自由，他早已喜欢上了母亲和工作对自己的把控，并在千篇一律的生活中找到了久违的归属感，找到了乐趣。

一天，他走过一座桥，看到天空飞过的鸟，想想之前自己曾在房间里扮成鸟的模样，他不禁觉得以前的自己很好笑，有些不可理喻。

最初的梦想，在那一刻，早已碎成了一地的琉璃。我一直在等待结局，最后的片段告诉我，他早已融入街头的人群，安逸的生活已让他失去了蔚蓝的梦想，成全了母亲的祈祷和许愿。也许，这场电影的编剧是想用这样的方式告诉我们——现实生活中，最可怕的是人们年轻时所迷恋的未知。然而，待一切尘埃落定，我们是否会怀念那时的执着？

并没有孰对孰错，只是我们选择的方向。然而，我却坚持认为，人生真正的赢家会始终记得最初的梦想和坚守，并为之努力。

哲人说过，从出生之日，我们就在用自由与世界交换，不断地换得亲情、友情、爱情、工作，在生命逐渐完整时，自由却早已丧失。梦想和自由的丧失如出一辙。

之所以一直记得这个故事，是因为我和他的经历完全不同。我是在成都读书，毕业后来到北京工作，那时的我年少气盛、血气方刚，多年后，再谈梦想和生活，我依然拥有一种热情。

曾看过一篇文章，劝一无所有、资质一般的女孩不要在一线城市浪费青春了。那篇文章言辞之间情真意切，无不设身处地地为我们着想。她说，在大都市待下去，拿一万多的工资，住终年看不到阳光的公寓，忍受老板每天的狂吼，还每个月八千的信用卡债。她意味深长地指出，城市会吸干你青春的血液，让你变成黄脸婆，与其后来绝望地离开，不如现在带着热气腾腾的梦想回到安逸的故乡，嫁一个人⋯⋯

她说得对。可是，我就是喜欢这座城市的氛围，它给予你的，需要你去探索、感知，才能明白自己的所需所求。

我迷恋这个城市某个书店的爵士音乐，钟情于那一面长达40米的书架，一束束阳光照射在求索的人们身上，即使他们只是安静地站着看书或挑书，也会莫名散发一种光芒。我愿意站在四号线地铁中，看人群涌动，每一个人脸上书写的冷漠似乎也可以汇成美丽的音符。

在北京，你永远不知道明天会偶遇怎样的精彩，那种感觉就像阿甘说过的那句话——人生就像一盒巧克力，你永远不知道下一颗的味道。我就想一颗颗品尝，一点点感受，我愿意清醒、励志、热情地活着，哪怕最后一无所有。

在《大话西游》中，不管至尊宝拿着月光宝盒穿越到哪里，不管他为了什么目的想要甩掉紫霞仙子，紫霞仙子都会如约出现在他的梦中，令他不知作何选择。直到有一天，紫霞仙子钻进了他的心中，问他是否还深爱自己的娘子，她也在此流下了一滴伤心之泪……

据说，这部电影的拍摄地至今还留有紫霞仙子的面具，上面有一滴晶莹的泪珠，有情人纷沓而来，牵手至此，只为了彼此的一句真心话。

假如我们是至尊宝，紫霞仙子就是我们的梦想吧，她常常会钻进我们的心中，去倾听我们的真心话。倘若如此，你真愿让梦想最终只化作一滴遗憾的眼泪吗？

到了最后，她悲伤地说："我的意中人是一个盖世英雄，有一天他会踩着七色云朵前来迎娶我，我猜中了这开头，却没有猜中这结局。"我们的梦想也是如此，它以为自己的意中人会是一个盖世英雄，我们会带着它奔向何处，是否会放弃它，留下至深遗憾，都令人充满期待。

年少时的梦想就是蹦在嘴边的那个词语，后来，对梦想的隐忍不言，在背后默默地努力，几乎成为了我的生活准则。

是应该像《最初的愿望》中的男主那般接受命运的安排，还是应该像我一样坚守最初的梦想？

每个人心中自有答案，也无需勉强自己。你的选择就是你认定的人生。我喜欢你认定的样子，不喜欢摇摆不定。

warm · friend

只要有人愿陪在你身边，一切都会温暖

愿你被这个世界温柔以对

　　我的朋友雅郡是一个善良的女孩，从认识夏晓的时候，她就一直在默默地帮助她。

　　那时，夏晓刚刚离婚，心情不佳，几近抑郁。于是，雅郡几乎费尽了全身的力气，安慰她，为她疗伤。夏晓格外感动，她曾说，雅郡是她见过的最坚强的女孩，她愿意与雅郡做一辈子的好朋友。

　　那年冬天，一直下雪，两个女人的惺惺相惜却融化了积雪，让彼此的心灵温暖起来。后来，夏晓曾来北京看望雅郡，并一起约见了夏晓的一位编辑朋友。

　　三个人坐在咖啡店，愉快地交流了一天，直到天黑，她们才依依不舍地告别了。那位编辑和雅郡一见如故，大概是因同在北京，她们格外投缘，说的话题自然多了一些，让夏晓有些应接不暇。

编辑离开时，让雅郡留下联系方式，期待一起创作一本书。雅郡笑着说，没事，没事，我找夏晓要吧，大家都是朋友。此时的雅郡，依然陷在友谊的情怀中，根本没有注意到夏晓的脸色已变。

果不其然，雅郡找夏晓要编辑的联系方式时，夏晓却拒绝了，她给雅郡留言道，你们之间的一切合作都要通过我，不要走捷径啊！

看到了这一行字，雅郡泪流满面，她顿时觉得友谊背叛了自己，她不由得悔恨，为什么没有在那天记下那位编辑的电话号码。有时，你忠于友谊，友谊却不一定忠于你。

雅郡再也没有联系过夏晓，她们就此消失在彼此的世界里。原来，女人的友谊就是如此脆弱，从春天到夏天，她们几乎日夜聊天、交流，最终，这段友谊在寒冷的冬日画上了休止符，雅郡顿时倍感孤独。

雅郡开始寻找那个编辑，她通过各种方式，一直在寻找她。寻找的过程中，发生了很多有趣的事情，有陌生人的误会，也有热心人的帮助。雅郡甚至找到了另外的一些编辑，却唯独没有寻找到夏晓的那位朋友。

寻找的过程中，雅郡仍在创作，她似乎早已不需要那位编辑的帮忙，就可以圆梦。但她依然渴望找到她，哪怕只是做个普通朋友，坐在一起喝点咖啡、聊聊天。

上帝总不忍心辜负任何一个煞费苦心的孩子，一年后的冬天，那一年正下着雪，雅郡真的在朋友圈里找到了那个编辑。原来，编辑依然记得雅郡，但是，她们早已没有了去年所说的，要在一起创作一本书的激情。有时，事情就是那么奇怪，在某个重要的时刻，你没有出现，之后，尽管你寻找到机会再次出现时，心境、状态早已物是人非。

我依然佩服雅郡的勇气和坚持，这个世界上，并非所有人都会以温柔的方式对待我们，所以，我们脆弱的心才更容易被伤害。也许，这只是别人的无心之过，我们却依然会痛很久。

依然记得叙利亚那部温暖感人的短片，两个长大之后的女孩，去拜访童年的宅院。她们从七岁离开那所庭院后，就再也没有回去过。

那年，她们刚刚七岁，被父母收养的妹妹不过五岁。她们平日里就喜欢欺负妹妹。那天，父母不在家，她们在玩捉迷藏的游戏，妹妹藏在了衣橱里，这两个女孩从外面锁上了衣橱，任凭妹妹在衣橱里喊叫、拍打，她们始终没有打开。两个女孩走出了房间，她们在庭院里玩风筝、锄草，玩疯的女孩早就忘

记了妹妹依然被关在衣橱里面。直到傍晚时分，父母归来，她们肚子饿得咕咕叫，在父母的逼问下，她们才道出实情。遗憾的是，当父母打开衣橱时，妹妹早已因缺氧而死亡。

这件事情成为了她们的心头之痛，每次想到妹妹，她们都会觉得很内疚，却又找不到合适的方式来道歉，她们唯一可以做的就是逃离。无奈，原本以为能够忘却的往事总是悄然无息地浮上心头。于是，她们决定再次回到庭院来看望妹妹。

当她们睡着的时候，她们似乎回到了小时候，不过，当时的情境是她们被关在了衣橱里，她们重新体验了一次妹妹当时的恐惧、孤独、挣扎。

她们终于意识到当年的自己是多么残忍，她们真诚地跪在妹妹的坟前道歉，请求她的原谅。不论何时，道歉都不会太晚，从此之后，妹妹再也没有出现在她们的梦中。

倘若那时，她们对妹妹再温柔一些，再细心一些，妹妹的人生肯定会大有不同。一时的无心之过，酿成的错却是永恒的。

曾看过毕淑敏笔下的一个故事。

一位富有母爱的女人来到了身处战火的难民营中。这位朋友搂着一位瘦弱无力的婴孩，对她又亲又抱。她的怀抱是那么温暖，却没有感动这个孩子，婴孩身体僵直，用力地挣脱着，像是一条要蹦离海水的鱼。小小的孩子如此虚弱，他没有任何欣喜的回应，反而哇哇大哭。

她赶紧找来难民营的管理人员，询问这个婴孩是不是生病了。管理人员却说，在他们的照料下，孩子的生活是没有问题，但他从小没有父母，从未有人抱过她，所以，他自然会抗拒这种亲昵的动作……

原来，从生命之初，我们所需要的不过是一个温暖的怀抱，被他人温柔以对。所谓的困境，不过是自己编织的蜘蛛网，所谓的绝境，不过是内心创造的假象。一句关心的话语，一个温柔的拥抱，就足以面对所有的困境与绝望。

终有一天，当我们懂得与世界和平相处，懂得与他人温柔以对，正是内心成长之时，人生也终有所获。

一个人可以走多远，要看他与谁一起同行

"南山有鸟，北山张罗；鸟自高飞，罗当奈何！"

"鸟鹊双飞，不乐凤凰；妾是庶人，不乐宋王。"

读《鸟鹊歌》时，一旁闹着要离婚的同事突然泪流满面地说，这就是我想要的爱情，如果有人愿意为我去死，我就以此生相报。事实上，一个真心爱你的人，会为你好好地活着，也希望你好好地活着。

这首诗歌是韩何氏写给宋康王的信件，它并非情书。宋康王生性残暴，爱好酒色。他下游桑园，并修建青陵台，整日在上面观赏采桑女婀娜的身姿。当韩何氏出现时，宋康王龙颜大悦，他捕捉了她。

韩何氏本可以就此迷住宋康王，来一个完美的逆袭。但这毕竟不是宫廷剧，她在悲痛中竟然选择了自缢身亡，尾随丈

夫一起离开了这个世界。她最初爱的就是他的才华，直到他死亡的那一刻，她依然没有忘却初心，这种真诚，真是难得而可贵的。

"王利其生，妾利其死，愿以尸骨赐凭合葬。"韩何氏仅仅为宋康王留下这句话。宋康王悲愤交加，命令将两个人埋葬在相隔五里远的地方。然而，爱情却依然没有结束。两个人的墓前生出柳树，这两棵柳树竟然一模一样，虽相距五里之遥，却依然根连根，枝叶相交。

每当风起，人们总能听到两棵树发出交流的细琐声，平日里，常有鸳鸯栖息于此，晨曦不离。这两棵树被后人称为"相思树"，那每日饮歌的鸳鸯被人唤为"韩朋鸟"。

如果可以拥有一段这样的爱情，死又何惜？

只有两个人的坚守，才能成就真爱，否则，就是互相折磨。很羡慕韩凭，有这样一个愿意为他而死的女子，如此浓烈的爱，也只有生命才可捍卫吧。

同事是一个理想主义者，最初，她抱着对爱情的无限幻想，对家庭的无限期待投身到了婚姻中。早已预料到家庭琐事多，但她从未想过有一日自己会被无奈地逼出家门。更何况，一旦离开，再回去似乎更难。

这段日子恰好阴雨连绵，前来"避难"的同事更是悔不当初，为何要嫁。每次接到丈夫和家人的电话，她都会冷漠地挂断。于是，新一轮的电话又会打来。

同事坦言，那一年，她看到娱乐新闻中，谢霆锋对张柏芝说，倘若他老，陪伴在他身边的必然是张柏芝。在电影院，同事的老公对她侧耳说道，这也是他想告白的一句话。同事大为感动，自此下定要嫁的决心。

仔细想来，他们婚后生活的矛盾都是一些微不足道的小事，在婆媳争吵、生活习惯、家庭背景的困境面前，她应付得有些疲惫，但这些细枝末节的东西却需要足够的耐心。同事向来以隐忍著称，最终却没有敌过细水长流的生活，有段时间，她每日哭泣，几乎抑郁。

后来，孙红雷结婚的时候，又说了一句经典的爱情准则"无论她有多少错，在她流泪的那一刻，就是我错了"，这句话瞬间打碎了她的玻璃心。思考良久，她得出了的结论是——老公早已不再爱她，她也不愿意在婆婆的指挥下生活，如同一具傀儡。

同事说得振振有词，一旁的我呆若木鸡，对待婚姻，我好像一直有一种自卑的情结。但我更清醒地明白，多情的男明星说的之所以感人、动听，多半是因为与他们牵手的那个女人优秀、漂亮且卓尔不群。孙红雷身边的那位娇妻，便是德才兼备的优等女神。

男人永远欣赏拥有自我追求的女人，女人只有在完善自我的时候，才会忽略生活中的矛盾与不快。同事却犯了一个错误，从结婚那一天，她便放弃了工作，也等于自毁了前程，每每想到这里，她便会顿足叹息。

爱情自然是美好的，但婚姻却像一种合作，他跑得太快，你没有跟上他的节拍，便会被爱情淘汰。在爱情中失去了平衡，也是人生失去平衡的一部分。只有你跑得比他快，他才会仰望你，站在某个高度上，你可以享受片刻的高处不胜寒。

那天下午，我和同事一起看了《美食、祈祷和恋爱》，剧中，女主角像是无病呻吟要离婚的低智一族，她莫名其妙地想离婚，想去周游世界。激动得同事连连惊叫，大喊理解万岁。

不管怎样，电影的画面美轮美奂，罗马的街道颇有"怀旧范"，巴厘岛的街道处处是鲜花怒放，罗马人和巴厘岛的人们身上永远洋溢着乐观、自信的光辉。不管女主角身处罗马还是巴厘岛，别人都会告诉他，她需要一个爱人。而她终于明白，一段婚姻之所以看起来安定幸福，是因为他们不会因为受到了伤害而对爱失去信心。

最困难的事情永远不是把所有的东西丢进垃圾桶，然后拿着全部的积蓄去生活。最困难的事情是，我们都不能免俗，我们没有力气去突破俗世已定的规则游戏，只能在属于自己的小世界里折腾。

　　在追求理想的道路上，我们不可免俗地都会被虚荣心牵绊，一旦前方不能让自己满意，我们的虚荣心就会受伤。电影的最后，女主角淡淡地说了一句话，我终于明白什么叫心随我动。遗憾的是，为了明白这个真理，她牺牲了一段婚姻，丢掉了一个很爱她的男人……

　　看到这里，同事恍然大悟说，她懂了，她要回家。

　　爱情也是能量守恒定律，《鸟鹊歌》中，韩凭愿意为妻子丢掉性命，妻子定然会尾随其后。同事为了爱情四处宣泄，她的丈夫定然会思考这段爱情的价值。

　　当然，在现实生活中，永远没有人会愿意为爱情牺牲性命，他们只会寻找最佳的相伴距离，获取悦己的能量，抛弃黯淡的生活，让内心不再失衡。

感谢那些可以试一试的机会

伴随着马尔克·别尔涅斯的那首《鹤群》的音乐节奏，西莫诺娃在玻璃上画起沙画，她的表演带着人们走到了苏联卫国战争的时代。这段历史是苏联人心中的赞歌，在他们的记忆中，这次表演更像是一次历史的还原，所有观影的人都潸然泪下。西莫诺娃自此走红，但她依然低调。

西莫诺娃其实是一位产后忧郁症患者，她生于一个艺术之家，父亲是设计师，母亲是一位美术老师。遗憾的是，父母并不希望她走艺术之路。西莫诺娃却唯独偏爱艺术，她几乎把所有的时间都花费在了如何创作上，她坦言，浮华的生活只会令她痛苦。

西莫诺娃和一位戏剧导演结婚后，他们曾一起创办过杂志，杂志倒闭时，他们的孩子诞生了，从此，他们过上了一贫如洗的生活。更为不幸的是，西莫诺娃此时患上了严重的产后抑郁症，她夜夜失眠，寝食难安。她想放弃生命，却又被孩子的哭泣声阻挡在死神的门外。

她的丈夫建议道，我们不如去创作沙画吧。

为什么不试试呢？

西莫诺娃卖掉了自己所有的作画器材，她从一位科学家手里买来了特殊的沙子，它很适合作沙画。白天，西莫诺娃要陪伴孩子，晚上，待孩子睡着后，她就会从十点画到凌晨四点。开始画画时，已是深夜，每次抬头时，已是天亮时分。

后来，她参加了节目秀，一举成名。这个可爱的姑娘并没有泪流满面，她的眼泪早已被忧郁症折磨干了。

站在舞台上，她说，最感谢的人就是自己的丈夫，在那些颠沛流离的日子，他并没有放弃希望，他对她说，去试一把吧，姑娘！

虽然那个建议很像赌博，她却赌赢了！

刚刚练习写作的时候，纯属爱好。每当夜深人静时，唯有写作时的敲字声，陪伴着我一起感受孤独，好像丝毫没有睡意，写到深情处，总会第一个把自己感动。

我几乎把所有的时间都用在了看书和写作上，每当母亲来北京看望我，看到书页上我写的感触，总是感慨不已。大致的意思是，如此着迷，不见得会怎样。我总是笑而不语，又无力争辩。

每当朋友出去逛街、聚会时，我依然在写作，同事去相亲、恋爱的时候，我依然在写作。每次打趣，她们会称呼我为"坐家"，但事实上，我所旅游过的国家和城市，我所走过的路，都令她们难以想象。每当听说我又要去某个地方旅行时，朋友们都会惊呼，你真幸福。其实，她们也可以做到，只是很多时候，她们不愿意给自己这个机会而已。

一次，我看到了一个很喜欢的选题，我打心底里喜欢它。编辑老师却说，你真的要试一试吗？

为何不试一试，我一定要试。

那位老师说，有一个小有名气的作者也会写，只是怕你过不了，浪费你的时间，你不如再换一个选题来写吧。至此，我依然没有沮丧，因为最难得的事情就是试一试，拥有一次尝试的机会，就是挑战自我的机会，何乐而不为。

老师看到我很真诚，鼓励我说，即使没有入选，也可以继续努力地写下去。果不其然，那次我真的没有通过，那一刻，失望扑面而来，我颓然地窝在沙发里。但我又是一个很会自我安慰的人，看一会书，心里静下来，我又可以精神焕发地写起来。

　　一直写到了今日，每次回首看过去那个小小的自己，回想那些不眠的夜晚，我趴在台灯下孤军奋战，自己都会莫名感动。之前更为年轻时，我曾经信奉过成功学所说的，成功可以复制，所有的成功都有技巧。如今看来，我更愿意相信，所有的收获，都是因为我们给了自己试一试的机会；所有的结果，都是因为我们肯迈步去看一下明天会有何不同。

　　人生的大多数时光，我们都在羡慕其他人，她的身材保持得真好，她的皮肤吹弹可破，她的爱情无懈可击，她的事业如日中天。我们却不想做那个尝试者，尝试去做自己理想中的那个人，尝试给自己一次机会，这才是最可悲的地方吧。

　　从高中时代，我就信奉七年时光可以改变一个人的传说。七年后，你将是另外的一个人，我甚至认为不用七年就可以将一个人改变得面目全非。想去认清这七年自己有没有变化，最有效的方式就是把几年的照片聚在一起，一张张地看过去，若是幸福的，定然一年比一年笑得灿烂，一年比一年状态好。

　　每一次，听朋友说，想和一个人恋爱，想和一个人结婚，想换一份工作，我都会积极支持他们，如果想清楚了的话，不妨一试。与其陪伴着时光一起老去，不如趁着青春年华去恋爱、结婚，与其在一份不如意的工作中颓然失意，不如跳槽寻找新的方向。

遗憾的是，很多时候，我们都是思想的巨人，行动的侏儒。那间一直未开业的服装店，那个一直没有实现的出国梦，那片一直没有时间去看的风景，那个一直在等待你的人，何必要去辜负他们呢？

试一试，就有希望，试一试，就有机会。所有试一试的机会，都会修正你的不足，所有尝试的时刻，都是梦想的沉淀。

终有一天，你会感恩那些你愿意尝试的时光，那时的你，因勇气而闪烁光芒。

没有人天生就应该懂你

她分手了，一直跟我抱怨男友一点都不懂她的心。

我好言相劝，男友其实还不错呦！不爱多言，暖心，如今，暖男大当其道，人人都爱。

暖男？她一脸诧异，甚至有些愤怒。她说，和他在一起，她得很主动，才能接近他。他一点都不了解她，做事被动，给人的感觉总是漫不经心。

他要怎么了解你，才代表这是一段"真爱"呢?

她说：一次，我们去逛商场，我觉得口渴，他跑去买水，顺便给我买了一杯热气腾腾的奶茶，我需要的却是一个巧克力冰淇淋。他并没有在意我是不是很失落。此外，我不喜欢热饮，他应该了解。

我继续问，那你为什么不直接告诉他，你就想吃冰淇淋呢！要别人猜你的心思，真的很累。

她依然委屈地说：如果他爱我，就自然会明白我的心思，比如我喜欢吃哪些，我不喜欢吃哪些。这些东西就算死记硬背，也应该牢记在心。

她托着脸，望向咖啡厅的情侣，眼神中满是羡慕。女人总是充满幻想，尤其恋爱时，更喜欢理所当然地以为对方一定得懂自己。如果对方猜不透女人的心思，她们便会觉得孤独。

我坐在她的对面，看她眉头紧蹙，不知所言。关于她的爱好，她喜欢的颜色，她钟情的那件衣服，或许连父母都不能猜透的心思，又何必为难恋爱中的男朋友呢？

有时，我们所谓的懂得，总显得那么浅显。因为，在这个世界上，我们都是孤独的宇宙，谁也不懂谁，谁也不能完全理解谁。

唯一可以肯定的——要求别人懂自己的那个人，多半有些任性，缺乏自信。

每次心情不好，她都会来找我诉说。每次听完她的抱怨，我都不会安慰她。只是会带着她去逛街，去书店，约朋友一起喝酒，认识新的朋友，或是带着她去看新的电影，而且必须是喜剧片……这是我放松的方式，我窃以为只有如此，她的心情才会好转。

直到她失恋，才突然抱怨："你怎么可以这样自私，你真的以为我需要你带着我去做这些事情吗？我只要你懂我，要你安慰我，而并非带着我逃避现实。"

她为何不早点坦白呢？也许，在她看来，每次说不称心的话时，我总是立马转移话题，是对她的不尊重。她需要一个人可以陪着她一起哭、一起发泄，一起去咒骂那个不作死就不会死的婆婆。可我在她身上，却用了自己处理坏情绪的方式，所以，根本驱不走那些悲伤，反而引发了她的不满。

友谊也许会就此结束，闺蜜情谊也濒临终结。我不懂，她为何不早点告诉我，她需要什么。既然不告知，我又凭什么会猜透你的"女人心，海底针"。

电影中的桥段，多半是两个人不多言便可知心，那样的场景很少会出现在现实生活中。我们大多会歇斯底里地吼，你到底在不在乎我，你一点都不懂我的心。最终，两人疲惫地离开，再无联络。

这个世界，究竟会有多少人败给"我以为你懂我！"所谓的懂，不过是提前定下的规则。在我清醒时，就对身边的好友坦白过，假如有天我异常气愤，请给我五分钟，安静片刻，本妖精自会恢复原形。此后，一旦我脾气发作，他们都会离我三尺，等着我清醒后乖乖就范。

人与人的争执不过是游戏，人与人的沟通才是解决问题的途径。不要逼他人理解你，不要让别人去猜你的心思。直线，才是到达彼此内心最短的距离。

都说表妹叛逆，我却无察觉。她有现在孩子的通病——误把早熟当成熟，误把任性当个性。每次见面，她都黏着我，和我聊天、看电影、逛街，玩得很尽兴。一见到父母，她便暴跳如雷，令他们束手无策。舅舅和舅妈因工作繁忙，也尽量避免和她发生冲突。这一年来，他们的关系有点怪，大有井水不犯河水的感觉。

舅妈很怀念小学时代的表妹。那时的她是那么乖巧，不会像此时，浑身是刺。摸不得，远离又不舍得。舅舅常自叹，她是如何从懂事的孩子，突然间变成了暴跳如雷的小大人呢？

我和表妹玩到尽兴时，曾问她为何要和父母保持距离，不理他们。她一脸不屑，他们不懂我，不像别人的父母。

什么样的父母才是懂你的？

我去K歌，不要一直给我打电话；我去聚会，不要一直问我在哪里；给我人身自由，给我面子，我已经不再是小孩子；我要钱的时候，豪爽地给，不要唯唯诺诺，让人看不起……那诉苦滔滔不绝，令我坐立不安。原来，在她的心中，竟然有如此多的积恨。总之，她觉得父母并不理解她，这才是事情的根源。

表妹发泄一通，想看我会不会站在她的立场。我问，你有没有把想法与父母沟通过。去K歌，去聚会，提前告诉父母，去旅游，有计划，不妨与父母商量。越是不沟通，他们似乎越不能放手。坦白后，他们若不理解，便是他们的错。

表妹疑惑地围着我绕了一圈，自此，不欢而散。

没有人天生就应该懂你，即使再亲密，也没有义务去懂你。既然想让他人懂你，请先给别人一次懂你的机会。而不是把自己裹得紧紧的，让人无法猜透。

懂你，不是一个人的事情，而是两个人共同努力的平衡。

未曾长夜痛哭，不足以语人生

"每次乘车，偶遇会聊天的出租车司机，就觉得格外幸运。北京这支流动的文化，总会给你别样的感动……"芯子说这些时，我不由得笑了。

那一年，芯子失恋，搬家，她握着前男友给的六百块钱，坐在街头狼狈大哭。因为钱不够，只得住进半地下室，出租车把她放在了门外。她倔强地抬起行李，向前走去。那位出租车司机默默地跟在后面，一把夺过行李，帮她拿到了房间里。芯子与他告别，以为再无相见之日。

一年后，芯子努力地找到了一份薪金优渥的工作，她再次准备搬家。芯子招手打了一辆出租车，到了目的地，她提着大包小包，费力地朝电梯口处走去。出租车司机再次前来，拎起她的行李，把她送到了家。

芯子恍惚间发觉，这两次帮她搬家的竟为同一人。她有些激动，他提议一起喝一杯，吃顿饭。几杯酒下肚，芯子才发现，他竟然这样会聊天。原来，自从上次搬家，芯子坐在车上流泪，他早已关注并担心她——

一次，芯子很晚才下班，她打车回来时，他为她放了一首怀旧的电影音乐；一次，芯子聚会大醉，他把她送到了家，又默默离开……芯子不知实情，他也未曾提起。每天出车时，他还会来到芯子的门前转悠几圈，芯子下班时，他会在她公司门前看她离开。休息时，他会把车停在芯子小区的门前。

不过，这样的事情以后不会再有了。他告诉芯子，自己要结婚了，去守护另一个女人。即使他还会来看芯子，她也不会发觉，因为她向来是后知后觉的人。

最后的最后，她没有和这位司机走到一起，她再也没有遇见过他，也许再次遇见，她也会认不出他的模样。她唯独记得，他很会聊天，每次在自己面前却变得寡言。芯子说，爱情不止要有温暖、感动，还要有所期待，所以，她自此不再搭乘出租车。她宁愿孤独，也要等到那个自己钟情的男人。

直至今日，三十五岁的芯子依然站在原地，等待。每次见到我，她总会提起那位出租车司机，他们的故事早已结束，好像又没有消失。大概，那就是遗憾吧。平平淡淡地开始，又悄

无声息地结束，宛若平静湖水，内心早已层层波澜。

人生的路上，我们总要路过这个世界的美好，不断地放下爱与被爱。最遗憾的是，我们来不及与那些美好好好告别，它们就已消失在茫茫人海。

很羡慕同事优曼，她有一个漂亮的母亲，是一名歌剧院的歌手。优曼的父亲在日本工作，一年才可以回来一次。

优曼的母亲喜欢收集瓷器，这个爱好源于优父。她娓娓道来，为我讲瓷器的故事。那些故事中，有她走过的路，认识的人，那些时光让她泪光闪烁。我根本没有仔细看瓷器，心思全部聚集在她的悲伤中，并随着她话音的颤抖而揪心。

优母很信星座、命盘，会用数字为人算命。每次算到吉祥之事，她便手舞足蹈，算到前方有难，她真的会沮丧，且寝食难安。看到母亲真的相信占卜等把戏，优曼就会生气地告诫她，不要胡思乱想。

夜晚，我听到优母在隔壁房间打电话，应该是和谁在争执，她有时会突然提高声音，有时会低声哭泣。不一会儿，传来瓷器被打碎的声音，优曼跑去安慰母亲。未想，优曼的话语中并无温柔，她甚至大声呵斥母亲，告诉她，不要想不开心的，一切都会过去。

优曼回来时，已是深夜。她躺下来悠悠地说，父亲打来了电话，要和母亲离婚，这段时间她一直不肯放手。可是，外面的那个女人已为父亲生下孩子。我……优曼再也无法继续说下去，我握着她的手，不停地讲，你是对的，是对的。漫漫长夜，我几乎未眠，不知怎么安慰优曼，心里却在祈祷，愿优母可以想明白。

　　第二日，优母起得很早，还从外面买来了鲜花，破碎的瓷器早已被收拾干净。优母还特意化了妆，眼睛虽红，却也神采飞扬。优曼和我站在对面，看她从容不迫地拉开窗帘，阳光瞬间涌入，照在洁白无瑕的窗台上，昨日还在的瓷器，今日已带着伤痕离开了。

　　今天又是崭新的一天。我和优母告别时，她微笑着对我挥挥手，我在心中默默祈祷——愿她的心事随风去，这个善良而坚强的母亲，值得拥有更美好的故事。

　　朋友曾问，为何总也走不出那些忧郁的情怀——出门时看见一地落叶，睡在冬夜，窗外正在下雪，走在大学，看见青春洋溢的笑脸，听闻一个感动心扉的故事，错过那场再也不会播放的老电影……倒不会为这些美好，或不美好的事物，久久伤怀。它们却会无形中碰触自己的内心，让内心久未能安。

亦如，优母一直珍藏优父送的那些瓷器，芯子多年不愿搭乘出租车。倘若有一天，我们真的可以打开心结，这些事物将在漫漫孤独面前一文不值。

我们都无力改变昨日的结果，却可以让今日不再难过。此时此刻，不能挽救一段破碎的婚姻，无法去寻找已经错过的人，却依然可以在沧桑岁月中，独自而立。坚强的背影，就坐在时光中，面向阳光，身后便是黑暗。

文艺电影《为爱出走的女人》，女主角一直在等待情人的出现。她活得如此孤独、冷漠，最终，情人如幻影般消失了，甚至不会出现在她的梦中。她坐在海边给他写信，她悲痛欲绝的背影，似曾相识，令人动容。许多人看不了节奏如此缓慢的电影，真正悲伤过的人却能读懂其中的暗涌静流。

只因，最令人痛苦的回忆，最伤人的故事，往往都是沉默无声的，在角落里暗自忍受。世人看见的，永远是她明媚的笑脸。

做心怀善意的人，交温暖踏实的朋友

最怕完美主义者，更怕他们不知自己的完美主义情结。

那次，被笑言邀请去看一场公益的舞台剧，因之前和她有过两次见面，能被这样才华洋溢的导演邀请，我自然倍感荣幸。当晚的表演很精彩——剧目的高潮是一位病重将死的女孩，把自己反锁在房间里。在生命的最后时刻，她不想让亲人和情人看到自己悲惨的模样，她打开窗，伸开了双臂，就要往下跳时，却被从窗口爬进来的男友一把抱住……

当剧目结束时，舞台下的人们依然沉浸其中，竟然忘记鼓掌。

舞台剧结束后，我来到台后，本想祝贺笑言，却看到她正在训斥化妆师和一位剧务。一直以为她多半是温良的，未曾想，她会这样挑剔，她一边走，一边从那些细节中挑出

不足——演员的腮红太浅，不要桃红，要绯红；灯具低了一点点……

人至中年的剧务突然抬起头说，不可能每一场戏都完美至极，这一次效果其实还不错。我在旁边频频点头，被骂得晕头转向了，不知觉间也认为自己参与了这部戏。笑言愤恨离去，我默默地对化妆师和剧务挥挥手，他们看着我，那副表情已表明，这样的事情他们已经是见怪不怪了。

私底下，笑言是一个爱说爱笑的人，但我明白，她的灵魂深处一定是孤独的，这也是她对所有事情都要求完美至极的原因。每一次聚会，只要有她在，大家都不怕冷场。她总能找出有趣、新鲜的话题，朋友们应该玩哪些游戏，她更是了然于心。

聚会时，她会用悦耳的声音告诉你，下次不要再穿白色，这个颜色不适合你；每当我们赞美用餐环境时，她也会抬起头，冷不丁地补一刀——就是这个水晶吊灯太土了；用餐结束后，服务员让我们填写意见，她每次都会认真地写满整张纸，让人大为吃惊。

但，我们难免觉得累。

那次，因被她批评我不会化妆，我再也没有参加过她之后的任何邀请。每次去见朋友们，我会竭尽全力，想表现出最完美的一面，尤其是内向的人，好不容易鼓起的勇气，也会在她的批评声中暗自神伤，变得再也没有自信。

朋友们说，严格以待是成功者的必备要素，完美倾向更是他们的制胜法宝。姑且如此吧！我只能暗下决心——远离笑言，刻不容缓。

佛家有言，最好的修行就是修心，让每一位靠近你的人都有舒服的感觉。一个人可以在工作中苛求自我，严格地对待工作伙伴。如果这套哲学如法炮制地应用在朋友身上，难免会落单。

已是深夜，唯有羽还在加班。挑剔的老板，最初的计划是每一页都加上公司的Logo，后来提出那样做未免太不美观，于是，她把五百多页的Logo全部去掉，老板又提出，可以把Logo重新做一下，再放上去，会不会显得更美观。她默默地点点头，只得重新做起。因她明白，老板的要求还会变。

只怪羽的脾气太好了。我为她打抱不平时，羽却淡淡地笑了。已被老板折腾了三四年，羽已习惯，那些抗压能力不强的员工，自然早跑掉了。

那时，她的女老板已怀孕，性情愈加古怪——女老板与丈夫吵架，丈夫愤然离去，唯有她站在秋雨中淋雨，羽追了出

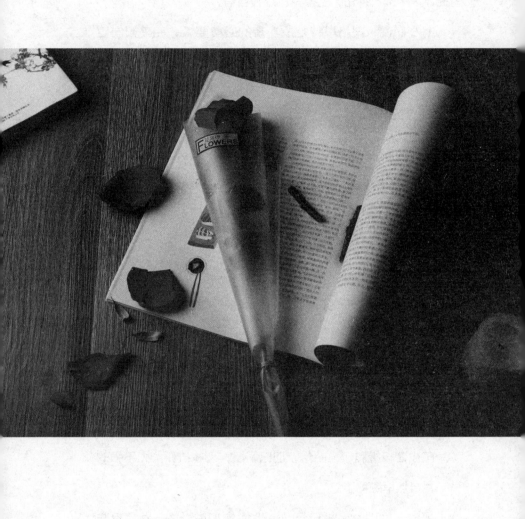

去，想劝她回屋，却被老板责骂；清晨，女老板站在公司门口，大声询问究竟是谁拿了她的普洱茶，所有人都行动起来，最终，大家在女老板的抽屉里找到了那包茶叶……诸如此类，羽都可以默默忍受。

后来，女老板要去国外生孩子，她在每个人的工位上都安装了摄像头。同事感言，到了国外，她不一定看，不过吓唬我们罢了，所以，我们一样自得其乐。唯有羽默默不语，提出了辞职。羽笑言，那种感觉就像坐在牢狱中，不管你做什么，都会被那双眼睛盯着，这恰恰是她不习惯的。

她可以接受一个人的胡搅蛮缠，却被女老板的不信任彻底打败；她可以接受她的百般挑剔，却无法忍受她的监控。她可以被严格的女老板管教，却不能被其伤害；她可以任其摆布，却不能被她控制。

完美主义者的背后，一定有一个隐忍的人。若有一天，隐忍者不再默默承受，最孤独、无助的一定是完美主义者。

小时候，最惧怕严厉的人，每次看到一脸凶狠的老师，总会跑得格外快，做她的作业也会更用心。那时，每次看到一脸严肃的大人，都会不由自主地哆嗦，还未等他喊自己的名字，就已跑远。

如今，总在逃避接触完美主义者。虽他们都是行业中的佼佼者，却也无法忍受她们总在挑剔的恶习。

　　在平和者心中，世界是一片金灿灿的麦田，他们愿意做麦田温和的风，随麦田一起舞蹈。挑剔者的心中，世界是带刺的麦穗，他们总想把刺一根根拔掉，总会误伤到双手。

　　遇见温暖人心的朋友，顿时如沐春风，心情自然畅快。那些无端发火的朋友，总会让人心生畏惧，如同站在冰冷的北极。

　　只因，让人感觉暖意融融的人，多半是心存善意的，而那些经常火冒三丈的人却是心胸狭窄，喜欢找个完美主义者的标签，贴在自己身上。

　　此生，我只愿做一个温暖的人，交暖意融融的朋友，让每一个靠近我的人，都能安心地倚靠。

sentiment · gratitude

孤独会让你学会感恩一切

孤独，送给自己最好的礼物

那年冬天，正是圣诞时。国贸被装扮得靓丽可人，处处都是郁郁葱葱的圣诞树，上面挂满了圣诞礼物。走近时，发现静静站在圣诞树一旁发呆的女孩，竟然是以前离职的同事，我不由得欣喜万千。

她询问了我的近况，我一一坦白开来，看到我工作很累，却依然精神抖擞，她很羡慕我。彼时，她正在找工作。自从离职，她一连跳了六次槽，却没有找到合适的工作。这六份工作中，有她的本职工作，也有她一直想尝试着去做的工作。

目前看来，这些都不适合她。她痛苦而言，她无法一直坐着，在办公桌前久坐，就会头晕脑涨。这大概是她的性格缺陷，所以她得找一份热闹的工作才行。

曾记得她的爱好广泛，爱幻想，热衷于社交，口才极佳，却没有定性，更是耐不住寂寞。

在一起工作时，总觉得她的办公桌要比别人的更热闹一些，上面摆满了绿植、小玩具、咖啡、茶，还有鱼缸。所以，同事们总喜欢停在她的工位前，和她聊天。她收获了其中的乐趣，却逐渐丢失了属于自己的时间。

我记得这是她之前的状态，如今，再问她的桌前是否依然"风景优美"，她点点头。我顿时明白她的工作失误。

曾看过一篇文，说最有效率的办公环境，是干净整洁的，而不是杂乱无章。这些可爱的小东西，在她努力工作时，总会不经意间将她的思路引开，让她无法安静下来。

她很可爱，也很让人喜欢。我望着眼前沮丧、失落的她，不由得想起，那年她意气风发，和我们谈笑风生的情境。也许，去做销售类或外联的工作更适合她吧。做设计、文案，都需要沉着、冷静，能静心地坐下来。她显然做不到。

给了她这个建议后，她便匆忙离开了。我看着她消失在地铁的人潮中，不知何时会再见。对一个没有方向的人，旁人给予的任何建议，也许都是徒劳无功的吧。

她需要感悟的是，如何独享投入工作时的静，以及一个人独处时的心安。

生活和工作皆是如此，我们可以享受被人环绕时的喧闹，也可以在无人捧场时处之坦然；我们可以在喧闹中做自己的事，也可以在无人打扰时，丰富自己的精神世界。

如有一天，她可做到，定会明白，那些圣诞树上的礼物为何要挂在喧嚣的人群中，而不会摆在我们的办公桌前。

苏黎辞职回家做全职画家时，曾让我们好生羡慕。那时，她规划得很好，一边画画，一边旅游，顺便与男友结婚生子。

她豪言，再也不能把时间卖给别人。因这理想太过美好，几乎每个朋友都会掐着大腿，警告自己，不敢想，不能想啊！

其实，苏黎做行政工作时，向来轻松、自在。所以，她还是有时间去画插画的。下班时，当同事们相约聚餐或买衣服时，苏黎都会拒绝，她要回家画画。工作时，每天都可以拿出来一段时间做自己喜欢的事情，那种感觉，像是偷窃到了绝妙的宝贝，令她兴奋不已。当她把作品展现给同事们看时，听闻赞美声，她更是心花怒放。

苏黎辞职后，全部的时间都属于她，她却也失去了稳定的收入。而这，恰恰是城市生活的必需品。慢慢地，她觉得生活失衡了。这种失去重心的感觉，让她倍感恐惧。

从最初，她恨意十足地离开职场，到此时，她满怀期待地归来。她才发现，自己在辞职的这段时间，居然并没有画出任何像模像样的画来，她的创造力也远不及在职时。原来，获得了自由，却失去了独立，只能让心灵无所依。

时间偷着用才会更珍贵。

收入稳定和拥有梦想，永远缺一不可，对女人而言，尤为重要。

伍尔夫在《一间自己的房间》里曾说过——如果一个女人想写小说的话，一定要收入五百英镑，还要有一间带锁的房间。

为此，她还讲了一个故事。

一个叫玛丽的女人，坐在河边，她在思考如何设定一部小说的情节。她看着河边的风景，柳树摇摆，引得她思绪万千。随后，她走过到了一块草坪，走到了教堂，吃了一顿带有美味甜点的午餐，不知不觉，竟已黄昏。趁着夜色朦胧，她又吃了一顿无味的晚餐……一天过去了，她却一个字也没有写出来。

其实，大部分的人都在做着同样的事情，做一个完美的计划，却拥有最糟糕的行动力。最可悲的是，每一天都充斥着纷纷扰扰的杂务，让人无法安静地朝着计划前行。

邻居阿姨曾抱怨，她们那一代人最可悲，她每天都围绕着孩子生活，养孩子，然后养孩子的孩子。成全家庭，牺牲自我，她们被这样的生活磨得所剩无几。每次见到她，我都会风一般地跑掉。很害怕会有一天，像她一样，但冥冥之中，好像又挣脱不开命运的枷锁。

看完《一间自己的房间》，内心才终有所安，伍尔夫已在其中为我们找到了希望的出口。她说，在年轻时，希望女人们可以尽其所能地去赚足钱，再去思考世界的未来和过去。活在现实中，去过富有活力的生活。成就自己比任何事情都重要。

八十年前，这个女人就已活得如此明白。此时主流的价值观却认为，嫁个高富帅，让他欣赏自己，几乎就能解决所有的问题。

伍尔夫那时就清醒地意识到，女人应该去过那种富有生气的生活，享受与孤独相伴的时刻。他人的欣赏都是暂时的，自己的钟爱方可永久。

即使生活再忙，也不忘给自己一段时间，哪怕房间没有锁，也绝不会任思绪飞扬，游荡在世界之外。无趣、反复的细节，只会让女人变得麻木，不再有期待。此时，自己握有的时间和精力，就显得如此有价值，这是送给自己的最好的礼物。

我坚信，那些逐梦者，行走在无边的人群中，一切都止于安。

珍惜每一段时光

跟着父亲再去拜访他的老友时，已是而立之年。

父亲的老友是一位德高望重的书法家、画家，曾经做过书画院的院长。我在一旁，看他写书法、画画，可以坐上一个上午，他不挪步，我亦不动。

伯伯看着我，感慨了一句，现在你终于可以坐下来了。假如十年前，你也会有这样的心态，肯定也是位小有名气的画家了。

我顿时脸红，不知觉地想起十年前——

那时，我读高中，虽然是个美术生，但是画起画来，总是找不到窍门，蹲也蹲不稳，造型不准，色彩乱用。直到高二，画石膏像时，我还是没有找到老师所说的画画的灵性。老师甚至觉得我其实并不适合走绘画这条路。

那时，父亲也曾带着我前去拜访伯伯，那次，他也是在作画，看上去那么安静，淡定。好像世界只属于他，我们都是路人。等待他的过程，父亲一直在看他绘画，唯有我坐立不安，提出要走。伯伯失望地看了我一眼，我用叛逆的眼神挑衅地看着他。那时，我不习惯待在特别安静的环境中，每每如此，内心总会很伤感。

　　如今想来，真为自己的浮躁、不安而内疚不已。参加美术高考时，其他的同学都收到了美术过关证，仅有我一个人，竟然没有一张录取通知书。

　　不得已，我只好一个人背起行囊，再次跑到青岛去参加美术补考。火车行到青岛时，已是凌晨三点，我只得站在火车站，望向窗外，等待天亮。就这样，我一直在火车站站了三四个小时。

　　本以为难熬的时间，却足以改变我的命运。火车站的候车大厅人来人往，我全然不顾，一个人默默地站在窗前，望着天空一点点从黑色变成浅黑，变成灰色，再变成绯红色，然后，还有丝丝黄色、蓝色、紫色，中间还夹杂着朵朵白云。大自然如此神奇，这不就是美术老师所谓的色彩世界吗？如果耐心地欣赏，这个世界岂不是会有更多层层美妙的姿态。

　　那次的考试格外顺利，最后，我如愿地考上了梦想中的大学，甚至比当年画得最好的同学考得还要好。也许，那三四个小时，就是我人生开窍的时刻吧。

今日，再回首，依然痛惜，那些被我浪费的光阴，若能早一些开窍，多一些沉静，岂不是可以让自己变得更好？

把大学同学郝好送到了火车站，我们依然不舍得分开。直到她拍了拍手，大声喊道，不说了，不说了，妈呀，我错过火车了！

她狂奔向候车厅，留给我一个急急忙忙的身影。很多时候，我们匆忙地赶路，总会忽略很多，待到懂得珍惜时，却发现时光如此短暂。

那一天，我和郝好聊了很多，音乐、摄影、书籍、话剧……我们才发现，彼此有这样多的话题可聊。读大学时，我们虽住在隔壁，时间充裕，却很少会促膝长谈。那时，我们总在喊好忙好乱，但，那时究竟在忙什么呢？

是忙着逃课去看演唱会，还是忙着品尝恋爱的滋味，然后再开始失恋，还是忙着各种社团的聚会呢？

如果那时，我们的心态可以更开放，不再把自己缩在小小的角落里，裹着厚厚的衣服，花大把大把的时间去发呆；假如那时，我们可以更友善，不再一个人上自习，而是和同学们

相约去读书；假如那时，我们可以更开朗，和同学们一起去旅行，去唱歌，感受青春的力量……今日，我们收获的不仅仅是美好的回忆，还有那最值得珍惜的友谊。

总是在失去后，方可体会到逝去时光的更美好；总是在回忆的漩涡中走丢以后，方可懂学生时代的友谊是那么真。

真想回到大学时代啊，把那时光再细细地品味，真想再次坐在逸夫楼，我肯定不会再盲目逃课，做全班最乖的学生……每念此，便明白，远渡重洋，在外读研读博的友人，为何如此珍惜与执着。

当我失望地离开火车站，一步步向前走去。突然，我的肩膀被狠狠拍了一下，转头望去，竟然是郝好，她气喘吁吁，豪气万丈地说："既然已经错过了火车，不改签了，咱们今天一醉方休吧！走吧！"

生活向来如此，没有早一点感受，没有晚一点后悔，时光让你开窍时，恰恰是你最想与它热恋的时刻。

邻家姐姐每次与丈夫吵架，都会感慨，早知如此，她怎可能嫁到他家？那时，风光明媚，一切尚好，他对她如此温柔，如今，早已不是当时局面。她很怀念当时的月亮，却从未想过，这些年来自己的改变……

"早知如此……"，是我们最常说的一句话。这其中的感慨，不足与人说——有，悔不当初，有，难以控制，或，垂头丧气，更多的还是，失望或沮丧。关于早知如此的故事，我相信每个人都会说出很多。早已如此，也早已深入人心，在每个人的心中留下了阴影。

我曾对父亲说，早知如此，我就好好地跟伯伯学画画，再也不浪费光阴；我曾对郝好说，早知如此，我在大学里就要求睡在你的上铺，跟着你混；我曾对迅速瘦身的友人说，早知如此，我就跟着你一起跑步减肥……不知道还有多少个早知如此的故事，被掩盖在远逝的时光中，或被人淡忘，或不愿被提起。

我们在同样的时刻，地点，都曾被早知如此隔在了另一条河边。有幸的是，我们还有机会、时间去追悔。对于真正在乎的事情，也有精力去重视。

只是，在你的心中，早知如此的故事，究竟是什么？

再问一次，回到起点，你真的会在乎它，并愿意与那段时光热恋吗？

享受孤独，并不是为自己建一座迷宫

朋友打来电话，说是很想看看帝都的风景。小米欣然答应，并在期待中迎来了朋友的到来。

小米去火车站接朋友，看到友人，小米激动得活蹦乱跳，朋友却格外淡定，甚至有些伤感。她们一起爬了长城，吃了烤鸭，看了话剧。但是，小米看朋友依然没有开心或激动，只是淡淡地微笑，她也没有多想，在她看来，这位朋友向来低调，冷漠。

朋友在帝都玩了一周，小米一直陪着。但整个游玩的过程，更像是小米一个人的放松。朋友依然眉头紧蹙，话也不多，但小米多多少少还是能感受到一点她的兴奋和快乐。

最后，她离开这座城市的时候，小米执意要去送她，朋友却拒绝了，说自己不太喜欢离别的场面。小米和她私交甚好，对朋友也是格外了解。但，她这次突然拜访，又如此伤感，令小米有些不知所措，等她离开后，小米站在街头，突然觉得孤独至极。不管自己多么努力，永远也走不进朋友的心里。她喜欢把自己封锁起来，不让任何人走进去。包括小米在内，想到这里，小米更是百般委屈，决定再也不主动联系她。

半年后，小米与其他人聊天，偶然得知那位朋友的消息。原来，她半年前，被诊断出患有重症，已经不剩多少时日了。临死前，那位朋友开始了一段孤独的旅程，她把之前想去却没有去过的地方，一一丈量，和自己牵挂的朋友一一见面，她不希望自己留有遗憾。

小米这才恍然大悟，那位朋友为何拒绝别人为她送行。她之所以不喜欢离别的场面，也许是因为她早已在内心多次演习过自己离世的画面。人生的最后阶段，她不喜欢太伤感，当然，她向来矜持、内敛。所以，朋友也找不出特别放松的方式，来发泄内心的孤独、悲苦，也许直至死亡那一刻，她都没有释怀。

在朋友用孤独所建的迷宫中，她孑身一人，活得未免辛苦。旁人即使想进入，也会被她的冷漠拒之门外。这些从不为别人留任何机会的人，内心怎得温暖。

人常说，冷漠之人大多拥有一颗热情的心。我却觉得，如

那热情真挚如火，伪装怎可能不被焚烧呢？

毕业时，当我们还在为前程担忧时，那位优秀的班长大人就顺利地拿到了人人艳羡的"铁饭碗"。那时，他是所有同学最羡慕的对象，而他，也时常摆出一副夸耀的姿态，更惹得我们心生嫉妒。

班长本是优秀的人，在以后的工作中更是屡屡被表扬，遗憾的是，那份工作并不如他想象得那么好，加薪升职，堪比登天。仔细想来，那种工作环境也并不适合争强好胜的他，身处其中他找不到存在感与成就感，也学不会那一套委曲求全的做人之道。

久而久之，这份稳定的工作，却也成了班长大人的牵绊、围城——想走出去，又怕失望，留下来，又不甘心。每次见到我们，他依然要强装夸耀，似乎才得平衡。

我们也在摸打滚爬中，纷纷寻找出到了一条适合自己的道路。因这条路是自己所钟爱的，所以，所走的每一步都很踏实、安心。我们早已不再羡慕班长大人，更想不到风水轮流转，今日，我们竟会被他所羡。

当我们春风得意时，再看曾经优秀的班长大人，略显可怜。据说，他每次聚会，要么滴酒不沾，要么酩酊大醉。一句就是一个想当年，他肯定是想到了大学时的风光与骄傲。

有段时间，班长大人喜欢上了养鸟，除了工作，基本都是家中与鸟为伴。后来，他干脆递交了辞呈，日日与鸟为伴，研究鸟语，他梦想可以成为一名驯鸟师……

直至今日，依然不知他境况如何。只知年岁不饶人，在最适合打拼的年岁，他在安逸的环境中待了太久，虽然可以继续待下去，但那围城，让他困乏不安，倍感孤独。

终于冲出了那牢笼，不知他之后的时光会不会如愿以偿。驯鸟师也可，梦想之路也罢，只愿，他能敞开心扉，与他人聊聊自己的内心所想，才能听到外面的世界。

因自己也是内向之人，平日里最倾慕那些勇敢而果断的女子。有时，我很怕自己会突然陷入某种忧郁的情绪中，所以，并不喜欢读忧郁的文字、听悲伤的歌，欣赏伤感的电影。但内心又是喜欢这种情调的，误以为不悲剧就不永恒，不让人流泪就不会触动心扉。

一日，去北京电影学院看电影短片，故事个个短小精悍，有时悲伤，有时欣喜，宛若一首咏叹调。看完后，内心竟很喜悦，因为电影中的主角最终都突破了重重陷阱，没有一个结局落俗。大概这是年轻的学生拍出来的故事吧，少了一些沧桑的神秘，多了一份关于未来探知的冒险。

攻读电影学博士的友人笑言，写好悲剧，让人痛苦很容易，只需把主角困在围城中。而真正难得的是，让人笑着看完整部悲剧，并从中获得释然的力量。让人笑，其实比让人哭更难。

兴许，我们都是关在牢笼之人，若总是紧闭心扉，就只能一直被围城所困。更加令人悲伤的是，大多数人信奉的信念是——自己是无所不能的，谁都无法了解自己的处境，不如默默承受，不如苦苦挣扎，任凭那牢笼把自己越裹越紧，直到不能挣扎。

所以，我顿时很欣赏，那种敢于承认自己身处困境的人。

就像电影短片中那位身患癌症的老人，他并没有隐瞒，也没有夸张，他只是平淡地祝福家人好好生活，要求他们帮助他去实现儿时的梦——再放一次风筝，再爬一次高山，去触摸那里的雪，再坐一次轮船回到故土。当他双脚踏在故乡的土地上，一种释然的幸福涌上心头，他在心满意足中死去……这样的结局，总比一个人默默挣扎，故意隐瞒家人，不敢面对自己的行为更好吧！

所有的美好，都会慢慢而来

对一切被交换的东西都充满了好奇心，尤其是命运的交换。尽管人生各有不如意，我却坚信，没有人愿意拿自己的人生与别人交换。

直到看了电视剧《把爱带回家》，又突然觉得以前的推理是错的。假如，那个人享受了你三十年的光彩人生，你却在她的灰暗人生中挨过了三十年，在命运的交叉口，你愿意与她交换人生吗？

那种感觉，应该像是火车疾奔在黑暗的隧道中，终于，她看到一束阳光洒照在前方，当她欣然前往，却发现双手并不能捕捉到它。她拼尽全力，也无法与这个陌生的家庭交融，因为，他们根本没有共同生活的记忆，所以陌生、排斥。

女主角出生在贫困之家，却被抱错到了富人之院，她享受

了另一个女孩三十年的人生，虽不至于荣华富贵，却可以轻而易举地去留学，去做一份有梦想的工作，去拥有一位才华横溢的男友。三十而立之年，尽管真正的富家女被换了回来，她拼命地想把女主角拥有的一切夺回来，却也有心无力。只怪，在前三十年，她一直贫困交加，她的人生被耽误已久，纵然再努力，也无法与女主角站在同一起跑线。

女主角的自责，富家女的责难，都无法改变已被交换了三十年人生这个事实。也许，出生时，医生抱错了孩子的那一瞬间，交换的故事已开始，命数就已注定。剩下的人生不过是偿还那个错误，尽管自己是无辜的，是被辜负的，也只能默默接受，不能反抗，不敢声张。

电视剧的结尾是，母爱让真正的富家女醒悟，争夺毫无意义，有一些东西是抢不过来的，唯有自己可以匹配那种美好时，它才会被她驯服。如此看来，她依然难以驾驭自己真正的身份。于是，她在感慨万千中，回到了自己的故乡，安安静静地做了一名小学老师。女主角也安心地接受了养父的企业，成为了董事长。从命运开始差错的那一刻，她们的位置就已定下，只有回到彼此的位置上，过属于自己的人生，才能让她们的内心不再起涟漪。

如此想来，有些悲观。真实的生活从不说谎，这也是我喜欢这个故事的缘由。幸好导演没有安排真正的富家女回归那个原本属于她的家，她的内心并无失衡，她依然像以前那么善良。

事实上，没有人可以做到。当她没日没夜地干活，像个机器一样生活时，她突然间走到了一片温暖之地，她可以轻易地选择装扮、豪车、工作、人生之时，也是她最怨恨女主角的时刻。

原来，趁她不在的这三十年，女主角竟然生活得如此优越，这也是她生来高贵而自持的原因吧！

再问自己一遍，如果女主角愿意拿人生与你交换，你会同意吗？

没有回答，内心却惶恐不安。

不怕她会抢走我生命中最重要的东西，而是怕，我所拥有的一切，根本无法匹配那份美好。瞬间顿悟，那位富家女为何身败名裂，只因富家女还不配拥有一切，女主角却并未偷走什么。

《被偷走的那五年》深深打动了我。向来喜欢温情脉脉的电影，就算诉说悲剧，也不会那么直白、残忍。

当他们相爱的时候，也是真的爱着彼此，那些快乐和甜蜜从不说谎。可是，爱情像一枚新鲜的水果，也有发霉时，也有坏掉时。大部分人的逻辑是东西坏了就丢掉，但是，也有一部分人拒绝这样残忍的方式。

白百合扮演的女主角表面刀枪不入，即使受到了伤害，也是一副满不在乎的模样。后来，她的爱情坏了，她和老公立刻决定离婚。此时，不幸的是，她失忆了，所有的伪装都卸下时，她不过是一个柔弱的女孩。

她忘记了往事，而且生命仅剩下了一小段时光。她拼命地讨好老公，讨好闺蜜，讨好同事，才发现，之前刀枪不入的自己是那么可恶，为了成功，竟然逼走了那么多可爱的人。只因在你强势时，已把内心最柔软的地方包裹了起来，根本无法去爱任何人，他们怎可能靠近。

在她失忆时，她最真实的，被压抑的性情才显现出来。张孝全终于被白百合感动，他们重新相爱，却迎来了死亡。本以为重新在一起就是最终，没想到，导演想说的故事却是，生命的脆弱不堪。

我们以为一辈子很长，可以后悔，一切还来得及。未曾想，一秒钟就可以毁掉整个世界，你却来不及挣扎。

被偷走的那五年，我们本以为真心可以交换真爱，真实的奋斗，真实的生活，可以换取真实的成功。现实中的一切却事与愿违。

白百合痛心疾首地说，她愿意拿此后的漫长人生，交换这五年的幸福。如果时光倒流，她不会那么任性、刚强、霸道。因为，那五年的表现让她很失望，她本来就不是那样的人。

她甚至愤恨地想，是哪个女魔头偷走了她人生的那五年呢？可见，情深就是一场悲剧，更为可悲的是，她情深时，自己竟不知。

最有趣的电视节目，莫过于那些交换人生体验的互动节目。

被娇宠坏的富人家的孩子，来到了贫困之家；被众人仰慕的明星，来体验平凡人的卑微生活；高高在上的公众人物，去体验困难的挑战……

每次看到这样的节目，最感动人的，并非那些贵公子坦然地享受郊外的田园生活，而是那些生来卑微的人，体验了一个星期的富家生活时，他们会哭着说想家。虽然他们可以挑战自我，也试着与身边的人融洽交往，但那眼神迷茫，表情生涩。

只因，突如其来的巨大幸福，往往会让人不知所措。如同一个从未见过蛋糕的人，突然品尝到奶油的甜蜜，巧克力的醇香。还没有来得及咽下，又要回到暗无天日的生活中，直至有一天自己有能力去购买蛋糕，否则，再无机会去品尝儿时曾贪恋的那点甜。

所以，当你给予我们美好的一切之前，请允许我们先变成那个更美好的人。

幸福，你慢慢来。